爱迪生 特斯拉

和照亮世界的竞赛

电的战争

［美］迈克·温切尔 著

师龙 译

长江出版传媒 | 长江文艺出版社

图书在版编目（CIP）数据

电的战争：爱迪生、特斯拉和照亮世界的竞赛 /
（美）迈克·温切尔著；师龙译. -- 武汉：长江文艺出
版社，2025.6
　　ISBN 978-7-5702-3585-8

　　Ⅰ.①电… Ⅱ.①迈… ②师… Ⅲ.①电—青少年读
物 Ⅳ.①O441.1-49

中国国家版本馆 CIP 数据核字(2024)第 104152 号

THE ELECTRIC WAR: Edison, Tesla, Westinghouse, and the Race to Light the World

by Mike Winchell

Copyright ©2019 by Mike Winchell

Published by arrangement with Henry Holt and Company

Henry Holt® is a registered trademark of Macmillan PublishingGroup,LLC
All rights reserved.

电的战争：爱迪生、特斯拉和照亮世界的竞赛
DIAN DE ZHANZHENG : AIDISHENG TESILA HE ZHAOLIANG SHIJIE DE
JINGSAI

责任编辑：黄柳依　　　　　　　责任校对：程华清
设计制作：格林图书　　　　　　责任印制：邱　莉　胡丽平

出版：长江出版传媒　长江文艺出版社
地址：武汉市雄楚大街 268 号　　　邮编：430070
发行：长江文艺出版社
http://www.cjlap.com
印刷：武汉中科兴业印务有限公司

开本：880 毫米×1230 毫米　　1/32　　印张：5.625
版次：2025 年 6 月第 1 版　　　2025 年 6 月第 1 次印刷
字数：94 千字

定价：32.00 元

目 录

Contents

序

那是镀金时代。十九世纪末期,发明创新已经演变成了全民行动,下一个石破天惊的发明可能出自大街上经过的每一个人,发明的战场就在社会大众之间。当时,美国已经建立了工业超级大国的版图,人们甚至说,这个国家的运转是掌握在专利办公室而非政府的手中。

但随着这种创新的欣欣繁荣,人与人之间出现了对立,一场你死我活的竞赛开始了——自汽车车轮转动以来,出现了最前沿、最深刻的文明发展,比如灯泡和电流。谁跑在第一个,名声和财富就都是谁的。而第二个则一文不名,只能默默无闻,水中捞月一场空。搞破坏、耍阴谋、掀丑闻、公开掐个你死我活……在镀金时代的战场上,一切都是公平的,天才对天才,学者战学者。赢家通吃。

在这样的背景下,托马斯·爱迪生和他一手建立的直流电的强悍系统,与尼古拉·特斯拉、乔治·威斯汀豪斯以及他们创新的、实验性的交流电系统展开了正面交锋。上场的人都赌上了所有,因为双方都明白,接下来的每一项新发明不出意外都将出自打赢战斗的那个系统。由于一切动力来源都转为电力，所以无论谁是这场比赛的胜者，几乎可以判定为世界的统治者。

　　这里是那个镀金时代下三个杰出人物的故事，他们是托马斯·爱迪生、尼古拉·特斯拉、乔治·威斯汀豪斯。书中讲述的是他们作为个人对社会的推动力量，他们是如何精进并提高各自的发明，全力以赴地竞争，以及最终如何获得胜利。

　　本书会按照时间顺序介绍推动这些科学巨人达到其技艺高度的力量，但更多的篇幅则将侧重于分享每位发明家对后世产生了深远影响的经历和成长。同时，历史有时不可避免地把聚光灯独独笼罩在一人身上而令其他台上的角色黯然神伤。本书也同样会聚焦为了胜利不惜一切代价、不择手段的托马斯·爱迪生，对另一人物——尼古拉·特斯拉，我们亦尽力不去遮掩他的光彩：他是一位被世人误解的科学天才，与底线相比，他更在意的是把自己的创造张扬世界。

1 暴风雨前的平静

威廉·凯姆勒现在是一只被关押的瓮中之鳖，等待他的是一项实验，一项他根本不理解的实验。他坐在自己狭窄的床铺上，呆望着周围狭窄的空间。牢房谈不上什么行动自由，这位"囚犯"的目光也无法穿越四周逼仄的墙壁——一面是钢条，其他三面则由砖头和混凝土制成，凯姆勒选择了面朝砖头进行冥想，双眼盯着一块并不明显的污渍。

频繁出现的守卫每次经过都将目光射进牢房，但谈不上有多警戒。这名囚犯处于防自尽看管状态，但他从未表现出任何伤害自我的倾向。随着行刑日期渐渐逼近，例行公事的自杀看管也变得越来越严肃。距离那天还剩多久，凯姆勒不知道，他只知道，在 8 月 3 日至 8 月 9 日之间的某个时间点，他将因犯下的滔天罪行被处决。

威廉·凯姆勒是个做蔬菜生意的小贩，今年 28 岁，而邻居玛丽·里德，则是在凯姆勒行凶后第一位目睹他自首的人。醉醺醺的凯姆勒跟跄着走进里德太太的厨房，大喊道："我犯法了。"

不到一个小时后警方带走了被制服的威廉·凯姆勒，他没有反抗。

犯罪现场令人毛骨悚然。倒霉的布莱克曼博士被喊来现场检查受害者，据他所说，这是他见过的最惨不忍睹的案件现场。

第二天，布法罗市市警察局，宿醉过后的威廉·凯姆勒供认不讳。过了一会儿，审问接近了尾声，凯姆勒提出要一杯威士忌。警方拒绝了。

凯姆勒已经准备好为自己的罪行赔上性命，但等待他的不是绞刑，行刑时捆在他身上的只有强迫他躺倒的绑带。在当时，死刑的执行刚刚交给了科学手段，电椅这个杀人的致命新装置出现了。全世界都在谈论这个历史性的消息。然而文盲醉汉凯姆勒不关心时事，对这一重大改变一无所知。事情爆出来没多久，威廉·凯姆勒就成了媒体上的"斧头恶魔"——他撞在了枪口上，成为第一个死于电椅的人。

几乎空无一人的走廊，监狱牧师霍雷肖·耶茨和牧师霍顿博士并肩走着，他们挨得很近，互相没有说一句话。他们来到了一间黑暗的牢房门前，狱警把威廉·凯姆勒从睡梦中摇醒。

几个礼拜以来，凯姆勒已经见过这两个人好多次了，但在漆黑的夜晚来访只可能意味着一件事。两位圣徒郑重地告诉仍然俯卧在小床上的凯姆勒，他的处决时间定在了第二天，也就是 1890 年 8 月 6 日早上 6：00。凯姆勒平静地点了点头，然后背过身去，盯着那堵砖墙。

已经等待得够久了，至少，这位第一个死在电椅上的人终于知道了一切什么时候会结束。

等到早上，死亡之手即将把他从痛苦中释放。凯姆勒从没这么满足过。他闭上眼睛睡着了。

2 第一簇火花

点火需要三个关键要素。首先，热量，比如一道闪电打在物体上发出火花，可能会产生火焰。但光有火花就只是飞出一簇火星，然后熄灭，造不成什么损害。因此，需要燃料来接收火花，保持火花不灭，激活热量，例如纸板、木材等材料与热量相互作用并互相结合时，就会引起反应。第三种元素以氧化剂——通常是氧气的形式出现，热量、燃料和氧气混合，燃烧成稳定的火焰。

火就是这样。

这三个元素少了任何一个，火都不会出现，或者可以被扑灭，比如你能想到的用水降低温度和散热。如果这三个元素持续存在，火的这一串反应也会持续壮大，这很好理解，热量接触到更多的燃料便不断膨胀——就像火苗从一棵树、两棵树，直到火势蔓延整片森林——只要环境中有空气里的氧气。

威廉·凯姆勒在他本人不知情的情况下变成了燃料，只需一个很久之前就已萌发的热量，三种元素便将结合起来引发火焰。

是"热量"——威廉·凯姆勒之后差不多十年,"热量"——乔治·勒缪尔·史密斯,或者说第一簇火花出现了。

乔治·L. 史密斯是布法罗市一名三十岁的码头工人,昨晚他又是在镇上度过的。史密斯是个出了名的酒鬼,每天工作一结束,夕阳仿佛一声号角,呼唤着史密斯那帮狐朋狗友们聚在一起。从各方面来看,史密斯都算一个好丈夫、好父亲,身体也强壮,只是抵不住赌博的诱惑。

据报道,事发之前,那天晚上史密斯和三个朋友参观了位于甘森街的布鲁希电气公司工厂。这并不是什么稀罕的举动,最近许多远近的人都跑来了布鲁希电力。

一年前,工厂对外开放,建造工厂旨在为周边地区眼花缭乱的弧光灯供电,帮布法罗市博得技术与进步中心的名声。供电结构规模庞大,容纳了众多保存和分配电力的发电机和装置,但当时的人们对此根本不熟悉,也不能坦然接受。为了帮助布法罗市市民更好适应,建造者向他们确保工厂不是个恐怖的地方,搭建工厂之初就考虑到了公共关系,并且经常欢迎游客进入工厂感受现代技术的神奇。

就在工厂大门内,一台大型发电机已成为展示景点,开放时段里,许多游客挤在周围,观看机器是如何工作的。随着越来越多的人到来，电的传说越传越广，大伙说，伸手握住绕在发电机的那根三英尺①高的栏杆，可以感觉到从发电机传到栏杆再到身体的跳跃电流。电流沿着皮肤传导，带给人的是一种无害的酥麻感，令参与这个小游戏的人发出轻笑。

史密斯和三个朋友参观完布鲁希电气厂，抓了酥麻的栏杆，然后开启了在镇上的夜晚。但是，一杯接一杯地喝了几个小时后，史密斯决定回到电厂"关掉发电机"——他其中一位朋友在后来的报道中转述了史密斯的原话。

史密斯来到工厂试图进去，然后他被工厂经理 G. W. 查菲赶走了。他又试了几次，结果无非是被其他工作人员强制带走。但这个喝醉的男人很固执，他躲在黑暗中，等待着靠近发电机的机会出现。

终于，经理查菲前往工厂内部查看另一台发电机的状况，门口的警察和看管人员也走开了，史密斯来到发电机的侧面，伸出一只手，等待早前握住栏杆时一次次的酥麻。

然而什么感觉都没有。

他把另一只手放到发电机的另一侧，醉醺醺地将这个庞然怪物抱在怀里。他的身体在亲密接触时变得僵硬——僵直

① 1 英尺 =0.3048 米。

得不可思议，好似一个精心制作的雕像。

工厂工作人员看到挺得像块木板的史密斯，赶紧冲上去帮助他，试图将他的身体从发电机上撬开，但史密斯的双手牢牢地粘在机器上，好像被具有超级强力的磁力抓住了一样。他们赶紧关掉发电机，史密斯的尸体倒在了地上。

查菲和其他目击者声称史密斯是当场死亡，没有痛苦，也没有哭喊，身上没有丁点火燎和烧伤的痕迹。

过了几天，约瑟夫·福勒医生的尸检报告确定史密斯是在与发电机接触时死亡的，给出的官方死因为"呼吸神经麻痹"。报告证实，该男子身上没有灼伤的皮肤乃至组织损伤，这肯定了目击者的说法，即该男子身体没有被火苗甚至火星所伤害。

燃料是阿尔弗雷德·P. 索斯威克，第一个利用乔治·L.史密斯的死产生的火花热量的来源。

索斯威克是一名牙医，这样看来，他好像并不是原始电力设备最合乎逻辑的发明者。但当时的时代背景下，人们生活瞬息万变、技术日新月异，索斯威克和许多周围的人一样，成为创新热潮中的弄潮儿。

索斯威克原本是布法罗大学牙科系的一名教师，不过他入行时已经三十六岁，比大多数人要晚，在转投牙科之前，索斯威克曾在五大湖汽船公司区做过工程师，后来成了西部运输公司的总工程师。他发表过几篇蒸汽机设计的学术文章，是一些科研讨论小组的成员。工程师的经历使他能够开展电力实际应用的相关实验，转行之后，他对电流的研究兴趣仍然没变。

索斯威克在牙科上也表现出创造性的思维，为腭裂设计了一种有效的植入物质。他还成功地在口腔手术中使用低压电流作为麻醉剂。业内对他越来越推崇。

史密斯的尸检完成几天后，福勒医生向一群非专业的科学家展示自己的发现，索斯威克十分好奇，得知乔治·L. 史密斯因为暴露在高电压下立即死亡，没有痛苦和挣扎，他陷入了惊讶的思维旋涡中。索斯威克开始头脑风暴，考虑到电力可以作为一种更人道的死刑执行方式。

这个念头恰逢其时，当时不少人攻击绞刑，认为不人道，行刑过程中出问题的例子比比皆是，相关新闻充斥在公众面前。纽约州州长戴维·B. 希尔感到压力重重，呼吁科学界寻找一种更文明的处决方法，并公开指出"当下通过绞刑处决罪犯的模式是从黑暗时代传下来的"。

阿尔弗雷德·P.索斯威克明白，自己发现了更好的方法。但他是一名牙医，不是科学家。他凭什么建议用电流代替绞刑？必须证明电是一种更即时、更无痛、更文明的死亡方式才行。

他需要托马斯·爱迪生。

要点燃实际应用电椅的火，还差最后一个物质——托马斯·爱迪生，他是氧气，是这个可燃组合的第三个必备成分。就在十多年前，爱迪生发明了留声机，享誉世界。这位"发明之父"和他的门洛帕克实验室志同道合的发明家团队，并没有止步于留声机，而是创造了其他发明，包括后来成为爱迪生代名词的发明：电灯。

1878 年白炽灯泡问世，但拥有专利领跑优势的爱迪生和他的门洛帕克团队无法优化出一款低成本、耐久用的灯泡。他们将所有精力都集中在发明实际可使用的灯泡上。其实，电灯走进千家万户需要的不仅仅是一个灯泡，而是一个供电系统。终于，在最初的灯泡原型和专利设计出来两年后，爱迪生利用自己的专利电流系统直流电（DC），设计并批量生产了一种可以长久使用的灯泡。

本质上看，直流电是电流单行道。发电机就像电池一样，释放出叫电子的电力，并将它们发送到一个方向。电子流动的路线方向称为电路。电流沿着单向电路，抵达电器，比如灯泡，给对方输送电量。使用直流电时，电流会继续前行，连接到下一个电器上，例如烤面包机的插座，然后再连到下一个电器，再下一个电器。放得再大一点，发电机通过电路将电子挨家挨户地发送。直流电的问题在于，距离电源越远，功率的大小（电子的强度）就越弱。因此，一间房子离大型发电机越远，它的功率就越弱。这意味着大城市里直流电需要更多的发电机，从这个街区到下一个街区，才能为千家万户供上电。可即便如此，偏远地区比如城郊的住宅，会比离城中心近的住宅接收的电力少得多。

这意味着直流电价格昂贵，需要大量的电线、机械和发电机，这些设备必须每隔几个街区就重新配备一次。成本堆积如山，普通民众家里的电灯寥寥无几，富人头顶上的电灯越来越璀璨。尽管如此，黑夜里部分纽约被爱迪生的直流电点亮，科技进步的光芒照耀着人类。

直流电的竞争对手——交流电（AC）也出现在了赛道上，交流电由爱迪生的前雇员尼古拉·特斯拉设计并获得专利，然后被发明家、商人乔治·威斯汀豪斯购买并批量架设设备，威斯汀豪斯也因此成为和托马斯·爱迪生对打擂台的公众人物。与直流电相比，交流电更便宜，而且更美观，只需要一个位于城镇边缘的大型发电机，电流就可以沿着一根电线来回传输。

交流电的电源，比如发电机，只需一个，然而它输出的电流可以多次折返前行。美国交流电系统的电流每秒交替

托马斯·阿尔瓦·爱迪生

六十次。通过变压器连通的交流电可以调节电力强度，这意味着可以根据供电设备专门定制电压。交流电和直流电之间的另一个关键区别是，交流电的双向电流特征使它比直流电更适合长距离传输，因此城镇边缘的住宅能够获得与靠近电源的住宅相同的电量。总而言之，交流电系统需要的发电机比直流电系统少得多。

爱迪生对竞争对手应了战，然而他的直流电确实没有得到大众的支持。爱迪生是一位精明的商人，他知道，不仅是光，未来的一切都会依赖于最有效、最商业化的供电系统。他很绝望，只要能证明自己的电力系统是合乎逻辑而且安全的选择，他愿意做任何事情。

我们回到阿尔弗雷德·P. 索斯威克和电椅上来。

索斯威克代表格里委员会两次写信给爱迪生，寻求对方的建议和对电椅的认可。起初，这些信件没有得到答复，直到最后，爱迪生用完了抵抗竞争对手的弹药。

爱迪生确定，电椅就是他一直在等待的大炮。1888 年，托马斯·爱迪生表示赞成将电作为一种更人道的死刑执行方法，但电椅的电只能是交流电（他声称交流电致命）。

爱迪生将自己的名字与电椅的创造关联到了一起，是相当冒险的。但爱迪生这个人，一直是个赌徒。

3 应该拿鹅蛋怎么办……

　　小的时候，大伙都喊托马斯·阿尔瓦·爱迪生"阿尔"，他从小好奇心旺盛，好奇心总是驱使他去冒险，而且是盲目、心甘情愿的冒险。

　　爱迪生于 1847 年 2 月 11 日出生于美国俄亥俄州米兰镇。这是个依托米兰运河蓬勃发展的小镇，运河的兴修是为了让众多在蜿蜒曲折的休伦河上运载小麦的船只更好行驶。还是小孩的爱迪生因为好奇心差点几次丧命米兰河中，但阿尔就像猫，似乎有九条命，但好奇鲁莽的天性飞一般地耗掉了一条又一条命。

　　年轻的阿尔对周围的景象和声音满是惊奇。像许多满怀困惑的孩子一样，阿尔会向身边的人提问"为什么？""又为什么？"他问啊问个不停，问题多到他的父亲都承认对儿子的愚蠢问题感到尴尬。于是，这个好奇心没有答案来满足的小男孩开始亲自上阵，寻找答案。他通过亲身经验去解决无数不明白的问题。

　　还不到五岁的时候，阿尔对谷物升降机非常好奇，为了搞清楚，他越爬越近，最后掉了进去。

阿尔被谷子淹没了，幸运的是，一名警觉的工人抓住了他，将他从流沙般的谷堆中拉了出来。再慢一秒钟，那只救命之手也救不了小阿尔了。

阿尔的九条命中也有几条折在了米兰运河里，这一点和差不多大的许多男孩一样。不同的是，那些孩子只是想玩水，或者是离河太近不小心掉下去了，但吸引阿尔靠近危险的是运河的挖掘和其他实用功能，以及人造水道上复杂多样的船只。

六岁时，阿尔注意到一只鹅在孵蛋。

鹅是怎么用蛋繁育后代的，蛋最终会变成什么呢？阿尔沉思着。他迫切地想看到蛋的孵化，可好奇心是弱点，太心急也是一种弱点。要是有办法让这些蛋早点孵化就好了，阿尔默默努力想着，他的脑袋中形成了一个理论。第二天，阿尔的母亲南希·爱迪生发现儿子正坐在蛋上。她嘴里喊着快下来，抓住他的胳膊，把他从大声鸣叫抗议的鹅妈妈身边拉开。爱迪生太太既好笑又担心，询问儿子为什么要这样。阿尔的回答相当合乎逻辑：如果母鹅臀部的热量和质量有助于孵化鹅蛋，那么他的屁股也一样啊，而且他的更大，那么肯定会加速孵蛋的过程不是吗？爱迪生太太听到儿子天真而直觉的推理，摇了摇头。

小时候的阿尔因为好奇几次差点丢掉性命，而且随着逐渐长大，他的好奇心也给周围的人带来了危险。那是爱迪生一家在米兰的最后一年，阿尔对干草是怎么燃烧的产生了浓厚的兴趣。它们烧得快吗？是什么味道？干草烧完的时候，火焰会快速转移到旁边的物体上，还是会逐渐熄灭？他知道，这些问题问父亲，只会令父亲更加沮丧，令自己的疑惑走进死胡同，所以阿尔决定在父亲的谷仓里点一些干草试试。结果火势增长得如此之快，蔓延得如此之广，最后整个谷仓都被烧得干干净净。阿尔得到了渴望的答案，但这让他的家人付出了沉重的代价。父亲把阿尔拖到镇子的广场上，当众鞭打了一顿，给他和其他顽皮的孩子一个响亮的教训。

　　阿尔七岁时，全家搬到了密歇根州的休伦港。不断增修的繁杂铁路网已经扩展到俄亥俄州和休伦河，成为商业物流的主要方式。米兰运河和小镇已经被现代铁路的车轮碾过，休伦港可以为爱迪生家族提供更多机会，阿尔也能接受正规教育。然而，阿尔的公立学校教育经历短到不可思议，才开始三个月就戛然而止，学校老师 G. B. 恩格尔牧师认为阿尔"脑子糊涂"，根本教不了。爱迪生夫人在全家搬到美国之前曾在加拿大当过老师，她选择自己在家教育儿子。南希·爱迪生发现阿尔思维独特，也知道如何引导和利用他的学习方

青少年时期的托马斯·阿尔瓦·爱迪生

式。成年后的托马斯·爱迪生在谈到母亲时说："如果不是她在关键时刻对我的欣赏和信任，我很可能永远不会成为发明家。"

带着母亲的鼓励，阿尔提出了更多问题，做了更多实验。他的身体和智力不断成长，提出问题、尝试解答问题变成了他的生活。大约十岁时，阿尔对化学好奇得要命，家里的地下室被充当实验室。年幼的爱迪生从中获益非凡，尽管他阅读面很广，而且十分享受书面文字学习的过程，但他很早就知道"动手实践才是最重要的"。抱着这个想法，阿尔没多久便收集了近两百只瓶子和容器，费了不少心思把它们分门别类摆在架子上，每个瓶子和容器上都贴了"毒药"的标签，以免他人碰自己的珍稀材料。爱迪生夫人虽然允许儿子在地窖做实验，但不免担心，只好密切关注阿尔的"事业"。也许米兰燃烧的谷仓冒出的黑烟还笼罩着这个家，没有完全消散。

阿尔越大，他的好奇心就越能影响到其他人。临近十一岁的时候，阿尔说服了儿时一个叫迈克尔·奥茨的小伙伴，这个男孩答应参加一个有关塞德利茨的试验。阿尔发现，塞德利茨是一种粉末状化学物质，与水混合后会变成气体，看到"粉末+水=没有重量的气体"这一反应，阿尔指示奥茨吃下大量塞德利茨，按照理论，粉末在男孩胃中与水接触时会变成气体，让他像气球一样飘浮在空中。当然了，"气球"试验并没有像爱迪生计划的那样成功。相反，失败的后果是奥茨深受重病和爱迪生被母亲暴打了一顿。

化学试验还有另一个后果：资金短缺。毕竟化学物品和器材不是免费的。如果阿尔想继续试验，他必须要赚钱。没多久，家里给了十一岁的阿尔·爱迪生一匹马和一驾马车，让他去一个比较大的蔬菜市场做买卖。于是锄完玉米、侍弄好农田后，阿尔会把玉米、生菜和其他蔬菜装在马车上，拉到镇上去卖。

爱迪生做得十分成功。他甚至还雇了一名员工迈克尔·奥茨。有了奥茨的帮助，阿尔生意做了起来，取得了稳定利润。不过他对存钱没兴趣，相反，他手中的每一分钱都投进了试验中。

阿尔做生意有天分，但不屑在烈日下做体力劳动，他环顾四周，发现全世界的机遇都涌向了铁路。干线铁路开辟了一条条轨道，它们不仅筑在休伦港和邻近地区，而且在世界各地扎下了根。风云变幻，日新月异。变化是一片燎原的野火。阿尔知道他必须跳上船，朝着世界发展的方向前进，否则他将可能被时代抛弃。

因此，十二岁的阿尔恳求母亲允许他去当报童，去休伦港开往底特律的干线火车上卖些报纸什么的。母亲拒绝了他，阿尔继续乞求。她再次拒绝，他依然乞求。阿尔毫不退缩。最终爱迪生夫人还是答应了。就这样，每天早上七点到晚上九点，阿尔跑到长达六十三英里①的火车上。阿尔卖了两年的报纸、蔬菜、黄油和任何能盈利的东西。阿尔还做过糖果贩，在火车上向乘客出售糖果。在这段经历中，他发展了自己作为推销员和企业家的技能和天赋。从迈克尔·奥茨开始，阿尔继续雇用了其他男孩，进一步扩大了利润，总之每天大

---

① 1 英里=1609.34 米。

约有八到十美元，其中大部分直接花在他痴迷的化学上——他已经把实验室从地下室搬到了火车上一个闲置的行李车厢。

美国南北内战爆发后，文字市场繁荣起来，尤其是在干线铁路上。阿尔放弃了蔬菜生意，专注于报纸业务。人们匆匆忙忙地过着生活，业余时间变成了商品。不论怎么说，乘坐火车的这一小会儿时间，是乘客在周围混乱世界中"不掉队"的一个办法。报纸一拿到手，阿尔就以最快的速度卖出去，更厉害的是，为了做好报纸买卖，他总结出一套读完报纸就能提前判断好不好卖的规律。

1862年4月6日的夏伊洛战役，直接而且极大程度上影响了阿尔的生意。他一到底特律车站，就看到一大群人围着车站公告板，上面有条消息说，这场战役中受伤、战死者数以千计。这位精明的报童知道，"如果铁路沿线的各个小镇，尤其是休伦港，都能收到这条消息，他的报纸肯定大卖特卖。"说干就干，阿尔行动迅速，发动人脉，在接下来的三个月里，他用免费报纸贿赂电报员，让他把战争的消息贴在每个车站的公告板上。这意味着，在火车到达和离开车站的时间段里，乘客们会看到关于夏伊洛战役的简短新闻报道。爱迪生又去找《底特律自由报》报社谈，在没有足够钱的情况下，将平时要的一百份报纸变成一千份。从一个车站到另一个车站，他的报纸像雪花一样卖光了。不止是卖光，热销之下，每份报纸都要加价才买得到，从最初的五美分增加到十美分，最后几份甚至达到了二十五美分的高价。还称得上报童的阿尔生意蒸蒸日上。

在和《底特律自由报》报社谈判过程中，阿尔仔细观察了报纸行业，发现自己喜欢上了做新闻。现在，他的喜爱升级为着迷，决定创建属于自己的报纸。阿尔从《底特律自由报》那里搞到了旧零件和备用材料，造出需要的设备。接着，他把原先那个行李车厢的一部分改造成印刷机，创办了属于铁路干线的《先驱周报》，上面刊登了他自己撰写的当地新闻和八卦。他的新闻变成了人们的生活必需品，售价每份三美分，订阅的话每月八美分。当时，阿尔还不满十五岁。

可是他的移动实验室出了事故，火车在行驶过一段劣质轨道时发生剧烈颠簸，一块磷掉到地板上并导致起火。下一站刚到，阿尔就被怒火中烧的售票员赶了下去，他声称自己头部一侧受到严重击打，导致听力受损。然而，事实是爱迪生从小就有听力障碍，并且随着时间推移越来越恶化。

面对自己听力上的缺陷，无论是愤怒的列车员直接引发的，还是一生下来自带的，爱迪生都把这视为一项"在各个方面……的巨大的优势"。离开火车后，他选择去研究电报，并且将自己在这一领域的成功归功于失聪的帮助，甚至还包括他后来发明的留声机。

无论童年和青少年时期过得多么跌宕，爱迪生有一点没变，那就是热爱阅读。图书馆里经常看到他的身影，据他自己说，"我从书架底层的第一本书开始读，一本读完再换下一本。我不是只啃过几本。我看的是整个图书馆。"阿尔的父亲不支持儿子研究化学、痴迷电报，但他实打实地支持孩子阅读。因为阿尔读了托马斯·潘恩的《理性时代》，他奖励给儿子一美分，而且之后儿子读"严肃文学"都有奖励。

阿尔的实验室搬回了地下室，他的精力在《先驱周报》上流连了没多久，就很快转移到电报上。电报呢，也就是利用电磁波在空气中的远距离传输传送文本和符号。转变是自然而然的，在火车上卖糖果和报纸的时候，他迷上了火车站的机械车间。他钟爱转动的齿轮、阀门和控制各种装置的杠杆，以及与机车设计和内部运作有关的一切。除了和火车有关的机械，阿尔还注意到，无论走到哪里都能看到在工作的电报机。他想，这项发明是值得投资的——无论是时间还是金钱。

发电报阿尔学得很快，和他激情昂扬地从事的大多数职业一样，阿尔的大部分技能甚至才能都是通过反复试验和自学获得的。但自学是有限的。于是，他经常在电报局周围徘徊，想多偷学点东西，但在电报学的领域，他还是个蹒跚学步的孩子，搞不懂的问题千千万。

一天，阿尔正站在火车站的铁轨上，命运伸出了一只手，将他送上了通往终极命运的道路。一节货车车厢正在移动，而它的正前方，一个男孩正独自在铁轨上无忧无虑地玩耍。阿尔把手里的东西一丢，冲向男孩，把他捞起来，带回安全地带。后来才知道，这个男孩是火车车站电报员詹姆斯·麦肯齐的孩子，当时他因为要接收一则消息把儿子放在了一边，结果差点酿成大祸。为了报答儿子的救命恩人，麦肯齐主动提出让阿尔跟着自己做事，教他专业打电报。

仅仅跟着麦肯齐上了一堂课，阿尔就彻底沉迷了，十天后，他带着一连串的设备回到了自家的地下室，自己组装出了一套能够发送电报的设备。凭借多年来对铁路机械师和技工的观察学习，阿尔如鱼得水，并且变得更加投入了。五个月后，阿尔从麦肯齐那里学够了东西，成为专业的电报员，一名"插头"。成为插头意味着，尽管他只有十六岁，但可以在铁路上的任何地方工作。阿尔开始在各个地方做巡回发报员，积累宝贵经验。也大约在这段时间，他不再使用小时候的名字"阿尔"，而是自我介绍为"托马斯"。

托马斯·爱迪生更喜欢夜班发报，原因有几个。

首先，他一直觉得夜晚注意力最专注，不仅是自己，古往今来那些具有批判性思维和创造力的人皆是如此。其次，夜间工作让自己有更多的时间阅读，因为晚上电报收发量少，空余的时间同样可以用来研究电报本身的原理。靠着工作时的"三心二意"，他对电报和电气科学的知识了解得更深了。

一晃五年过去了，爱迪生在全国各地辗转，成为一流的巡回电报员。他和其他电报员关系很融洽，他们之间更像是一帮兄弟而非一群同事。托马斯喜欢友好的竞争，也喜欢和大伙开玩笑。一切都是那样顺利，可是达摩克利斯之剑悬在他的头顶：他的听力越来越差了。爱迪生乐观地想，听力有缺陷可以屏蔽掉外界的噪声，专心在电流的咔嗒声上。但发报员的听力必须足够好，好到不错过即便是最微弱的电流传输。听力的缺陷使发报的工作变得异常困难。但是，就像命运为他安排救下麦肯齐的孩子一样，命运又一次伸出了手，将爱迪生推上了正确的道路。

一则广告出现在爱迪生面前，上面说巴西需要大量发报员，一群人看到了机会，他们租了一艘轮船，邀请爱迪生一起过去。爱迪生毅然辞掉了工作，决定登船出海。爱迪生为什么离开祖国，人们知之甚少。也许他的听力损失比他表现出来的还要严重。不过他最终没有走。新奥尔良发生了一场骚乱，导致船出发的日期推迟了。就在年轻的爱迪生等待再次扬帆驶向另一种生活时，一个男人告诉他，只有在美国才能发挥一个人的全部价值，功成名就。这名男子还说，谁要是相信世界上还有其他更好的地方，谁就是"一窍不通的傻瓜"。

年轻的托马斯·爱迪生告别了轮船，回到休伦港，然而他的脑海中不断回响着那个男人的话语。不久，他搬到了波士顿——世人心中美国科学和发明的中心，多亏了在辛辛那提当电报员时结识的好友米尔顿·亚当斯，爱迪生在西联汇款办公室谋了一份工作。五年了，这位四处漫游的电报员第一次安顿下来，在波士顿开了一家店。

定居波士顿的这段时间里，爱迪生研读了迈克尔·法拉第的《电学实验研究》。这在当时是一门鲜为人知的科学，但其背后的原理和理论看得爱迪生双眼发亮。虽然他没有立即投入到电学的学习和实验中，但法拉第的书打开了他的视野：专注于应用技术固然重要，但改进现有设备并发明属于自己的设备才是更有前途的。

以爱迪生的名字命名的发明专利数不胜数，第一个出现于 1868 年，是一个运用了复杂机械系统的自动计票器。这个机器无可挑剔，有了它，记录选票成了一件过程简单、结果准确的事。

可这样的发明恰恰是政客们厌恶的，并且，声称决不会使用这样的设备。面对一脸茫然的爱迪生，他们说，"年轻人，如果地球上有什么发明是我们不想要的，那肯定是这个。"

国会议员看来，投票的过程应该是缓慢的、旷日持久的、复杂的，如此才能方便他们将结果篡改为对自身有利的。如果选票统计连一个磕绊都没有，还怎么操纵结果呢？爱迪生在晚年回顾此事表示，"这是给我的一个教训"。从那时起，他下定决心，"永远不要发明不需要的东西"。

1869 年 1 月刊的《电讯杂志》上印着一则公告："电报员托马斯·爱迪生此后将全身心地投入到发明中。"宣告完毕，报纸又引用了 1868 年 6 月刊的一篇文章，其中指出爱迪生创造了一种"电流在一根电线上双向传输的模式"，然后介绍说，小查尔斯·威廉姆斯的机械车间现出售这一模式装置。托马斯·阿尔瓦·爱迪生成为有史以来第一位职业发明家。

做全职发明家不可谓不冒险，而且一开始没有人买他的发明，即没有收益，但爱迪生决定加倍下注，甚至只身搬到了商业、发明和金钱最集中的核心地区。

踏上纽约的土地时，22 岁的托马斯·爱迪生没有钱，没有工作。手头的一美元去买了食物，朋友富兰克林·L·波普帮他在工作的黄金信报公司的蓄电池室支了一张小床。命运再一次伸出双手，改变了爱迪生的人生。

这次爱迪生的运气发生在股票市场，也就是人们购入和卖出企业、公司和产品股份的地方。股票代表所有权份额，一个人拥有的单位份额越多，表示对公司或产品的投资越多。被购买的股票越多，企业或者说产品的市场价值就越高。

爱迪生到了黄金信报公司没几天，运行股票行情自动收录器的中央发射器不工作了，报价机显示公司、企业或产品向上或向下走势的变化，也就是"报价"。机器坏得很彻底。收录器是掌握金价、为客户提供信报不可缺少的重要工具。零件从头到尾都装得好好的，却怎么也修不好。公司老板塞缪尔·劳斯博士眼睁睁地看着自己生意要黄了。

就在一片恐慌中，冷静、沉着的托马斯·爱迪生走到劳斯面前说，要是满地无头苍蝇般的工人们能腾出一条缝让他去看看机器，也许他可以修好。劳斯听了，猛地一把将爱迪生推过去，周围一圈满脸困惑的专家们给他让出了一个位置。

之前在这个临时住所里住着时，爱迪生就花了很长时间观察和研究这个装置。

他研究过它的内部运作，心里已经隐隐察觉到可能出了什么问题。只见他从发射器上取下盖子，捡起一个与齿轮一起掉进去的弹簧，将它固定好。

机器的嗡嗡声重新响起来了，惊叹声和笑声洒满了整个房间。

托马斯·爱迪生被劳斯博士任命为首席技术顾问。

在这块新的"甲板"上，爱迪生充分发挥了自身天赋。根据长久以来积累的经验，包括小时候在地下实验室里鼓捣，在火车上卖小吃，到投票计数器的教训，这个年轻人知道，成败的关键是找到某样东西——不管它是什么——并让它变成对公众更有用的东西。他的出发点不是想创造一个更好的社会，而是把一些更有用的东西变得更加有利可图。

爱迪生发明了一种同步校正装置，可以让所有股票行情数据固定在一条线上，并且可以定期重置。他在黄金信报公司使用了这一装置。

当时，因为机械读不准线上的股票代码，经常造成钱财损失，所以爱迪生的发明对股票市场来说简直是如获至宝，黄金与股票电报公司迅速出手以四万美元的高价支票买下这一装置。谁想爱迪生把支票拿给银行，对方却说兑现不了现金，他愤怒地去找公司对峙。

黄金与股票电报公司老板马歇尔·莱弗茨看着眼前的爱迪生，好心告诉他，支票背面必须先签字才行。我们的发明家红着脸胡乱点点头。

好事成双，西联汇款购买了他的另一个装置，可以用印刷打印电报的方式记录并打印金银的价格，应用非常广泛。

这笔交易给爱迪生的口袋里又增加了一万五千美元现金——当然他先在支票背面签了字——他用这笔钱在纽约建立了一家工厂。然而他的豪情壮志还没挥洒，休伦港老家就传来了悲痛的消息：爱迪生的母亲去世了。母亲的离开对他打击很大，悲痛的爱迪生选择用全身心投入工作。公司的工人越来越多，爱迪生每天废寝忘食地工作。在大家眼中，他是个身先士卒的好老板。

时间来到十九世纪七十年代初期，在纽约，爱迪生带着热火朝天的工厂探索着一系列发明，包括一种成功地在纸条上打印消息的电报，还有以失败告终的英国邮局水下电报系统。

虽然有成功有失败，但爱迪生的心态始终如一：加倍努力，创造更多发明，失败不可怕，重要的是从失败中吸取教训。就这样，从一家工厂发展到三家，然后是四家，他们的脚步从来没有一刻停顿。一旦某项发明停滞不前，爱迪生和他的团队就会将精力全部转到另一个新项目上。专注，但要在保证发明不中断的情况下。

24 岁那年，托马斯·爱迪生也抽空成了个"家"。1871年圣诞节那天，他与玛丽·史迪威结了婚。婚后爱迪生基本都在工厂里日夜连轴转，很少回家。

爱迪生依然将部分精力专注在电报上，并且发明出了可以在电路上同步发送信息的四路电报机，这可是当时的发明家们挤破头都想获得的发明。爱迪生还研究出了一种特别实用的自动电报机，能让接收端的电报员把消息记录在长条纸上。托马斯·阿尔瓦·爱迪生不仅从俄亥俄州米兰的谷仓大火中涅槃重生了，而且他的野心还远不止于此。成功的滋味刺激他想要更多。

4 巫师的诞生

如果说电报是托马斯·爱迪生发明家生涯的启航码头，那么电笔就是为他摘下所在电报码头的铁链、彻底扬帆远航的发明。他恍然意识到，在这场发明游戏的狂欢中还有更多的追逐目标，他意识到，"这个（发明）能赚的钱比电报机还要多"。

其实，电笔的灵感源自复印机——通过在纸上留下化学溶液来记录信息。爱迪生的设计原理是这样的，用一根短针在纸上打孔，将写好的内容制成模板，放入印刷机，滚筒滚过，墨水透过模板上的孔，留下副本。这是最早的复印设备，一直沿用到二十世纪，直至施乐复印机的诞生宣告了它的过时。对爱迪生个人来说，复印机的成功向他递出了一个全职发明的机会。于是，全职发明家托马斯·爱迪生粉墨登场了。

最开始，爱迪生只有大概十五名合伙发明家，包括此次合作的发起人、活力四射的爱德华·约翰逊，首席机械师、公认"诚实"的约翰·克鲁西，爱迪生的得力助手查尔斯·巴切勒。他们在美国新泽西州的门洛帕克——一个当时偏得

爱迪生发明的电笔

地图上都找不到的地方——开了一家门面。员工们提起爱迪生经常喊"那位老人",虽然他还不到三十岁。

门洛帕克成为发明诞生的根据地,或者用爱迪生自己的话说,是他的"发明工厂"。从一个窄小的木头站台火车站出来,碰到的第一座建筑就是爱迪生的妻儿居住的三层楼房。渐渐地,这座"门洛帕克庄园"周围盖起了一连串的房子。但爱迪生在家里待的时间远没有像门洛帕克的实验室那样多。一天中的绝大部分时候,他都和发明家兄弟们在忙碌的实验室中。

爱迪生花了几个月的时间才把自己的发明工厂建得齐全,一楼是接待室、办公室和机械车间,实验室设在二楼。就这样，爱迪生和他的工厂在 1876 年 5 月开始认真投入工作。爱迪生平均每天工作二十小时，实在筋疲力尽了便就地打个盹。作为门洛帕克的领导人，爱迪生捍卫了自己的工作目标——"十天一件小发明，六个月一项大发明"，由此赢得了大家的信赖。

就这样持续了一年多。实验室里，是无休止的工作，唯一下楼的休息时间是大伙一起吃点简餐，不过他们例行会举办"午夜大餐"，然而这个活动更像团体聚会，而不仅是吃顿丰盛的饭菜。

各种小发明在他们手中如雨后春笋般涌现，继续研发电笔，而且自动电报机仍然是爱迪生关注的焦点。但爱迪生后来叫作"心肝宝贝"的一个发明，却是他人抢先突破的。

1876 年，亚历山大·格雷厄姆·贝尔发明了电话，不过此事有争议，不少历史学家强烈表示"电话之父"有两个，贝尔和以利沙·格雷，毕竟他俩的专利申请是前后脚提交上去的，只隔了几个小时。不论是谁吧，爱迪生和他的门洛帕克团队将视线聚焦在电话上。

爱迪生着手改进电话——将已有设备进行改善有时比最初的发明利润更多。经过一段时间的努力，他得出一种碳精话筒，比贝尔的磁力话筒传导性更优良。爱迪生凭借自己发明的"音乐电话",与格雷和贝尔展开了竞争。

将音乐电话和自动电报机进行融合,便得到了托马斯·爱迪生的"心肝宝贝"——留声机。音乐电话为人们播放音乐,自动电报机的触针和纸条使自动记录消息成为可能。这两个设备是引发爱迪生创造留声机的主要推动力。

这一系列的发明,包括在纸上涂一层蜡原理的电容器,不仅引导爱迪生创作出"心肝宝贝"留声机,还让他声名鹊起。

午夜大餐刚结束。手底下的人继续比较着不同类型的话筒膜片。"老人"爱迪生随手拿起一个橡胶话筒,对里面的膜片说话。他一边说着,一边把手指按在膜片的另一侧。膜片嚓嚓地震动,震得他指尖发痒。

"巴切,我有个想法,"爱迪生对查尔斯·巴切勒说,"我们可以将膜片上的振动用针记录在某种材料上,然后下面放一个针尖,就可以重新听到电话里的对话。"

说干就干。约翰·克鲁西将一根针焊到膜片中间,接着把膜片连接到一个架着自动电报机一只字轮的支架上。震动从针传到膜片,再传到轮子。巴切勒裁出几张蜡纸条,插入轮子顶部,最后留一根针轻触纸面。字轮的震动轻快地落在蜡纸上,装置完成了。

"老人"爱迪生坐下,下巴凑近话筒。巴切勒一手拉着纸条，一边的爱迪生说出了实验室测试不同膜片所用的那句话：
"玛丽有一只小羊羔。"大伙都挤在一起，目光齐刷刷盯着纸
上的标记。巴切勒咧嘴一笑，小心翼翼地把纸放在字轮开头
的针尖下面。他用平稳的速度拉动纸条，针尖从纸面的标记
上划过。

"阿——丽呀——机——昂奥。"

测试语断断续续地传来。所有人的手，颤抖了，他们鼓
起掌来，互相拍打着对方的后背。欢呼和呐喊洒满了整个房间。

巴切勒后来回忆说："效果不太好，但话音是差不多的。"

经过一整夜不间断的尝试，包括多次改动和调整，一天
之后，门洛帕克成功得到了一段清晰的录音，当天午夜大餐，
好好庆祝了一番。

虽然该发明目前还没有正式命名，而且首次公开发布还
要一个月，门洛帕克的公关人员爱德华·约翰逊迫不及待地
向《费城记录》透露，杰出的发明家托马斯·爱迪生发明了
一种设备，"利用这种设备，可以将人们说的话用一张特殊的
纸记录下来"，以后随时可以用这张纸"重新播放"。

经过一段时间的准备，爱迪生把他姗姗来迟的"心肝宝
贝"展示给公众。1877 年 11 月，约翰逊给《科学美国人》
杂志的编辑写了一封信介绍这项发明。约翰逊附上了一幅雕

版示意图，配合详细的文字，图文并茂地向公众解释了"该装置"的运作方式。

不久，12 月 7 日，爱迪生亲自带着"留声机"——这是它的新名字——走进《科学美国人》的办公室，演示了一番。编辑们震惊万分，百思不得其解机器是怎么学会人说话的。关于这一幕，爱迪生后来回忆道："我……把机器准备好，念出'玛丽有一只小羊羔'之类的话，复制下来重播，整个房间安静极了，只能听到重播的声音。他们不让我走，声音一遍遍重播，围观的人群挤得密不透风，（编辑）比奇先生担心地板会被踩塌。"随后出版的那期《科学美国人》里是这样为读者们描述的："那个机器询问我们的身体怎么样，问我们喜不喜欢留声机，告诉我们它自我感觉很好，并向我们道了晚安。"

如果"病毒式传播"这个词在爱迪生时代就存在，我想当时的媒体肯定会用这个词形容留声机的发明在全世界被广而告之的速度。在欧洲，在美国，人们一边设想爱迪生最新发明的可能用途，一边连连惊叹。也许是想起了自动计票器被国会议员们毫不留情地拒绝和嘲讽，爱迪生在推广、销售留声机时非常谨慎。到了 11 月下旬，"老人"爱迪生和他的团队才决定应该将娱乐设备作为留声机最大的商业潜力开发方向。

留声机一下子令爱迪生飞黄腾达，他的名字不仅变得家喻户晓，还成了科学与发明的代名词。这个仅仅受过三个月正规教育的人一跃成为著名科学家。他的观点受到无数商人、科学家和作家的追捧。

此刻，托马斯·爱迪生已经站在山顶，他享受这种感觉，不想从人人称羡的高处掉下来。然而他也知道，维持山巅的美景意味着一场一场的战斗。

记者们成群结队地挤在门洛帕克外面，得到了爱迪生热忱的欢迎。魔法一般的留声机自然是记者关注的焦点，但他们也急切地想了解这位有趣的发明家，这位"门洛帕克巫师"——《纽约每日图报》记者威廉·克罗夫特给爱迪生的封号。

《纽约太阳报》记者阿莫斯·卡明斯采访了门洛帕克的爱迪生，记录了他的生平经历，让好奇的大众得以近距离窥见爱迪生，为他们补全了这位发明大亨的形象。卡明斯写道："只要是一个正常人，在他身边不用待一分钟就能心生亲近。"面对卡明斯，爱迪生敞开了心扉，一点儿也不避讳雄心壮志和对未来的宏伟规划。他详细介绍了正在研究的留声机应用和相关设备，尤其是书籍的录制和播放。爱迪生提到的念头天马行空，令人瞠目赞叹。比如他想做一个空讯扩音机，就是类似扩音器或雾角的装置，放在"贝德罗岛的自由女神像内部，这样女神像就可以发出巨大的声音，整个曼哈顿岛上的人都能听到"。请你想象一下，如果爱迪生的想法得以实现，那么当时去参观自由女神像会变成一项多么不可思议的体验！

爱迪生和他的团队继续研发加大型号的留声机和个头更小、面向公众商业性更强的留声机。然而，某种程度上他成为众人追逐的对象。《纽约太阳报》总结得最好："人们把他看作公共财产……总有一撮人整天围上来，占着他和他的办公室、实验室不走，仿佛爱迪生和他的工作空间全都是那些人的私产。"

托马斯·爱迪生需要喘口气，一位叫乔治·巴克的教授朋友提议一块去西部旅行。他们出发了，一开始只是想在怀俄明州找个合适的地方看日食，没想到最后花了一个多月去探索那个他们以前仅听说过的世界。

1878 年年底，爱迪生将大部分时间投入门洛帕克实验室，与手下一起钻研白炽灯泡的开发。

人造光本身并不算一个全新的概念，弧光灯早在 1855 年就开始使用了，这种灯的原理是两根互相垂直且有一定距离的碳棒可以产生炫目的光弧，将碳棒之间的间隙照亮。但它的光太刺眼、太不柔和，所以并不受大部分人的欢迎。作家罗伯特·路易斯·史蒂文森曾将弧光灯称作"令人做噩梦的灯"。

所以怎么利用白炽光——可调节亮度的灯光——并且制作适合室内各种使用目的的灯便成了攻克的关键。当时许多人都在拼命尝试，但都屡挫屡败，托马斯·爱迪生决心成为第一个成功的人。

对电灯的研究兴趣，或者更准确地说，痴迷，是爱迪生在与巴克的另一次外出过程中产生的。在西部旅行的间隙，巴克曾邀请爱迪生去参观威廉·华莱士和摩西·法默的工作室，这两人宣称他们设计了一种为弧光系统提供动力的机器，叫作发电机，可以将机械能转化为电能。爱迪生对电灯有些兴趣，表示同意前往。旅行结束两个礼拜后，巴克和爱迪生拜访了华莱士在康涅狄格州安索尼亚的工作室，同行的还有查尔斯·巴切勒和巴克的一位学术同行，名叫查尔斯·钱德勒。

一名《纽约太阳报》记者闻风也跑来记录这次会面。这位记者注意到，从看到那奇妙发明的第一眼，爱迪生就变得异常安静，并且与其他同伴保持了距离。当朋友们试图与他交谈时，爱迪生会微笑或者点头，但紧接着又陷入沉思。记者写道，看到华莱士与法默的发电机工作时，"爱迪生先生彻底被迷住了……电力通了……八盏电灯同时射出光芒，每盏灯的亮度都相当于四千支蜡烛。爱迪生先生高兴不已。他从发电装置跑到灯光下，又从灯跑回发电机。他像个孩子似的趴在桌子上，手里进行着各种计算"。

后来与《纽约太阳报》的记者谈起这次旅行时，爱迪生宣布他将由此发明出一种好用的灯泡，这个灯泡"使用非常简单，就算是擦鞋匠都会摆弄"。这随口一句话只是爱迪生在彼时彼刻的一个念头，可一旦印在刊物上被大众传阅，它就变成了"巫师"本人的承诺。

这并不是一个新想法。相反，几乎每个发明家和科学家都在试图创造完美的白炽灯泡，比如威廉·华莱士和他的伙伴摩西·法默。对爱迪生来说，这是一个机会，一个可以让自己碾压全世界聪明人的机会。

从华莱士的工作室离开时，自信且自信得有资本的爱迪生决定直接向对方发表自己的观点，只听他语气坚定地说："华莱士，我相信，发明电灯你绝对不如我。我认为你的研究方向是错的。"执着于电灯并不是为了钱，正如爱迪生本人在接受采访时解释的那样，"我不太在乎多赚什么钱，我在乎的是自己的领先地位。"托马斯·爱迪生踏入迄今为止他参加过的最重要的一场比赛。他下定决心，要不惜一切代价赢得胜利。

从华莱士工作室回来不满一个礼拜，爱迪生便公开表示自己要兑现承诺，他说早在参观的时候心里就有了解决方案，只需要"几天"就可以将白炽灯投入实际使用。似乎是感觉到报纸后面的眼睛充满了怀疑，爱迪生进一步声称"那些科学家"的理论是错误的，他预言，到时"所有人都会后悔，原来道理是这么简单，自己怎么没想到呢"？

爱迪生阐述了在曼哈顿下城区安装小型发电站的想法：用地下电线将发电站与工厂、住房连接。

据他推算，这些电线可以向所有电力设备供电。什么时候能实现呢？"很快。"爱迪生表示，并抛出挑战，保证"很快"公众就可以使用电灯及其有效系统。爱迪生改变了研究的优先级，留声机不再是他关注的焦点。

第一个要解决的问题是设计灯泡。这种灯泡需要符合多种需求：实用性强，价格便宜，可以为公众批量制造，生产者还要盈利。爱迪生的团队首先尝试了用铂做灯丝。铂是一种银白色的金属，熔点很高，延展性也足够，容易弯曲和盘绕。然而它的特性是一把双刃剑。首先，铂会随着暴露在高温和氧气中变脆、断裂，因此试验中每根铂丝都只能保持几分钟的完好无损。

更糟糕的是，铂价格昂贵。即使一根铂丝能挺过五分钟，大规模生产成本也太高了。

不过爱迪生已经做出了承诺，而且在大众眼中，他是说到做到的人。于是他和团队私下里仍在竭尽全力寻找一种功能强大、价格低廉的灯丝；但在公共场合，爱迪生用铂丝灯泡做了演示，证明他已经马上可以兑现诺言。

爱迪生轮番接待了四家出版物的记者。每次演示均用铂丝，未免被写成对大众食言，每次灯泡点亮都不到四分钟。当被问及是否遇到任何问题时，爱迪生对铂的缺点闭口不谈，甚至暗示最初进展的异常轻松是唯一令人不安的事情。演示完成之后，爱迪生将记者的笔用到极致，他表示要公众保持耐心，坚称自己的发明将"在不久的未来"可以投入使用。

一片叫好的报道迅速吸引了大量的社会关注和投资支持，1878年11月，爱迪生电气公司成立。

爱迪生继续用事情进展顺利的故事来愚弄媒体，而且从不透露具体细节。他的"几天"变成了几个礼拜，甚至延迟到将近一年。

1879年10月21日，爱迪生甚至对《纽约时报》透露"电灯已经接近完美"。当然是假的。实际上还差得远得多。不过那天用碳化缝纫线进行实验，成功照明四十个小时而没被烧坏。所以，爱迪生对《纽约时报》说的话更像是对阶段性实验的庆祝，实际上爱迪生电气并没有在寻找实用白炽灯灯丝方面取得任何进展。

四十小时的棉线燃烧"成功"好像意味着一线曙光，然而不久之后，棉线也出现了同样的问题。它不是灯丝问题的解。

这些失败、尝试和问题，在爱迪生眼里并不是浪费时间，他后来解释说："人生的许多失败都是由那些没有意识到放弃时离成功有多近的人所经历的。"爱迪生离成功很接近了。

11月中旬，团队尝试了弯成马蹄形的碳化纸。灯丝燃烧，柔和的微光照亮了玻璃球体。

好多双眼睛注视着，等待着。

燃烧仍然继续。

他们一直等到深夜。

燃烧没有熄灭。

灯泡亮了一天多。爱迪生知道，答案已经找到了——碳。"如果这次试验中它能燃烧这么多小时，我有信心可以让它亮一百个小时。"

与灯泡实验不同，找到最终答案并非一夜之功。发明界从来没有出现过这种先例。事实是爱迪生带领团队将他们能想到的每一种物质都尝试进行碳化然后实验，包括钓鱼线、硬纸板、各种材质的纸以及许多其他材料——直到将六千多种不同的选择一一尝试了一遍，他们才确定碳化竹纤维是白炽灯泡的最佳灯丝。

之后，就是在媒体上持续抛头露面几个月。面对相机摆姿势，露出微笑。这是一段漫长的时光，充满了虚假的客套，配合成为公众关注的焦点，但也许现在他可以说自己是为发明而生的。他确实是的。

用一种简单、廉价的方式利用光线并使它安全长久地照明，爱迪生成功了。

5 直流电，谁与争锋

《纽约先驱报》记者埃德温·福克斯最先爆料爱迪生成功发明并完善了白炽灯泡。

福克斯不仅是记者，同时是爱迪生的朋友，1879 年 11 月中旬，他第一次得到允许进入爱迪生的实验室。这次的独家探访持续了两个礼拜，记录了大概四十个灯泡和固定装置。这是爱迪生授予福克斯的崇高荣誉，不仅进行多次演示，而且是接受独家采访，爱迪生甚至还用简单易懂的语言向他介绍了灯泡的复杂工作原理和技术细节。

不过，爱迪生有个交换条件，那就是在自己首肯之前福克斯不得发表报道文章。爱迪生和团队希望先进行完善实验和反复的测试，再让全世界知晓这个消息。心怀感激的福克斯一口答应。可是很快，1879 年 12 月 21 日版《纽约先驱报》上就出现了署着他名字的"爱迪生的灯泡"一文。

福克斯在他的文章中不遗余力地称赞这位发明大师的"光亮小球"有多么完美，没有气体冒出，没有烟雾和难闻的气味，没有刺眼的光线。同时，福克斯也没有放过详细介绍爱迪生灯泡技术原理的机会。他用类似操作手册的模式，清晰地阐述了爱迪生是怎样解决困扰了许多人的谜团，把门洛帕克巫师分享的秘密广而告之。

爱迪生起初对福克斯的背叛十分生气，并因为他没有得到自己同意就公开发表文章感到恼火，这可以理解。他再次阅读了这篇文章，品读出它对自己发明天才的极尽奉承，还是选择了坦然接受这一切。出现这种情况是不可避免的。他知道是谁怂恿了福克斯，是同行的竞争，是自我的虚荣。爱迪生觉得埃德温·福克斯和自己很像。

托马斯·爱迪生没有退缩，没有放慢脚步，他决定全力以赴。他已经做出了承诺和保证。他对外宣称自己有可以燃烧一百多个小时的灯泡，甚至吹嘘灯泡可以为普通之家连续提供二十四天的照明而不出现问题。

既然福克斯已经公布了原理细节，还用如此夸张的口吻称赞了他，他要怎么回应呢？托马斯·爱迪生发挥了典型的自我风格——发表了更刺激、更大胆的声明：他承诺，在十天内，他将照亮门洛帕克的十栋房子。但这还不是全部。爱迪生承诺，他还将在道路上安装十盏电灯。

他的承诺和留给门洛帕克团队的紧迫时限自然收到了手下的怨声。但他们知道"老人"就是这样。公司主要投资人之一埃吉斯托·法布里试图说服爱迪生，他要求爱迪生先测试完整的七天，然后再进行十栋房子的实验。法布里的话没起什么作用，不过爱迪生确实同意了在 1879 年 12 月 27 日进行四小时的试运行。测试很顺利。

门洛帕克的"展览"不需要邀请函。来自各种职业和社会经济阶层的人们都慕名而来见证。爱迪生毫不在意，毕竟他的灯泡是为所有人负担得起的实用目的而设计的。

人们来了。

虽然最初有些人对路灯没放在真正的街道上照明表示不满意，他们吹毛求疵地表示路灯不应该放在光秃秃的门洛帕克球场上展示，但大伙的反应总体上是积极的。

为了堵上那些难伺候的人的议论，第二天，街上亮起了更多路灯。不到两天，爱迪生就兑现了承诺，十盏路灯闪耀着明亮的光芒，方便越来越多的人——在几天内迅速飙升到数百人——在夜晚随意漫步。

参观的人满怀惊叹，熙熙攘攘的街道见证了伟大的爱迪生承诺的奇观。新年前夜已经临近，夜晚聚集的人群越来越多，人们纷纷好奇，"巫师"爱迪生会为新年的钟鸣带来怎样的表演？

爱迪生早做好了准备。

一位实验室助手展示了一个普通灯泡在一个普通家庭使用三十年的场景，他一遍又一遍地打开，又关闭，模拟多位家庭成员多次将灯开开关关。

　　过程中灯一次故障也没有。

　　一个装在玻璃罐里的灯泡，放进漆黑的水中，灯光打开，照亮了粼粼的水波和暗沉的涟漪，观众们快活地睁大眼睛。正如《纽约先驱报》所描述的那样，"巫师"本人也是节目的一部分，站在大家眼前的爱迪生，是"一个简简单单、穿着最朴素的年轻人"，他"用最简单明了的语言对电灯加以解释，没有什么令人费解的专业术语"。

　　现在，是时候将灯泡点亮门洛帕克之外的地方了。世界上的每个人都应该在黑夜中看到光明。

　　然而，一个至关重要的问题仍然横在爱迪生面前：用什么样的电源？

　　他们发明了灯泡。但这并不意味着万事大吉，还需要开发一个供电的系统。

　　爱迪生的灯泡是全新的一项突破，是历史上浓墨重彩的不朽成就。但让玻璃灯泡照亮千家万户的夜晚则完全是另一项挑战。发明一些没有存在基础的东西需要同步解决许多问题。

谁家里有插座电路呢？这是主要问题之一。换句话说，普通人没有办法使用爱迪生的发明创造。现在如果给你一个崭新的灯泡，你不会疑惑地看着它不知道怎么用，毕竟随处都可以看到电灯。站在室内，环顾四周至少会看到一两盏灯，甚至一个房间里有五盏灯也不稀奇。英语中有个讽刺只会动嘴皮子的人的话，叫"拧一个灯泡能费什么事？"这句话侧面说明了当下灯泡使用起来有多么简单方便。今天确实是这样。1880年却不是的。托马斯·爱迪生刚刚发明了灯泡，还在门洛帕克进行了一场声势浩大的表演。全世界都在等待他的下一步动作。

还有一个更棘手的问题，普及灯泡的使用，必须设计和安装一套安全完整的电力系统。接线、插座、供电、建发电站，哪一样都没解决。面对神秘并且不稳定的电，供电系统必须慎之又慎，确保普通人使用时的安全。同创造一个错综复杂的电力系统相比，发明白炽灯泡真是小巫见大巫了。

直流电是爱迪生为他的神奇灯泡发明的第一个也是唯一一个动力系统。面对与自己相反的意见时，他经常展现出孩子般的固执。他坚持认为电力的传导和分配没有其他方式。1880年年初，爱迪生提交了第一份"配电系统"的专利申请。

爱迪生希望用电照亮纽约市，特别是曼哈顿下城。直流电存在弊端，尤其是在规划阶段。主要问题是直流电在较长距离的配电方面供力不足（离发电机越远，电力越弱），这意味着如果要保持整个城市的均匀配电，必须每隔半英里就建立多个大型发电机和发电厂，还意味着农村地区基本用不上电。不过最初爱迪生还顾不上这些，他的门洛帕克团队正在专心研究曼哈顿下城供电所需设备。

更糟糕的是，当时的初级发电机效率不足以达到爱迪生所需的规模。现有的发电机可以为 1880 年使用的弧光照明系统提供电力，但弧光灯的电力需求与城市中千家万户亮起白炽灯——暂且不谈其他配套设备，根本不能相提并论。除了插座和固定装置，托马斯·爱迪生深刻地意识到当务之急是必须发明强大而高效的发电机。还有一个问题，直流电不仅供电范围很短，需要的电线也多。当时的纽约市上方，爬满了连接着电报和电话的电线，它们像一张丑陋的蜘蛛大网，纠缠着垂在空中，要是没见过电线的外地人来了，肯定要吓一跳。爱迪生有先见之明，头顶上的大网变得更复杂只会导致问题。所以他的计划一开始就是将电线埋在地下。但这也带来了问题，工人需要在整个城市挖沟，而且还要保证电线本身必须绝缘。

爱迪生和他的团队知道，自己还没有准备好解决曼哈顿下城的供电难题——每一项发明的使用都会有阻碍，更不用说这样宏伟的计划了。为了解决全面供电和相关问题，门洛帕克变成了一个演习场。周围的地面铺设了电线代表道路，连接着大约四五百盏路灯。电线是埋在地下的，并且进行了绝缘实验，实验失败，工作人员不得不花费更多时间来处理遍地的铜线。

与此同时，其他跃跃欲试的商人和发明家正谋划着取代爱迪生的位置。1880 年 10 月，老朋友兼记者埃德温·福克斯告诉爱迪生，他从自己位于曼哈顿的办公室往窗外看，正好目睹了对面大楼里一伙人正忙着制造和爱迪生灯泡很像的东西。如果这是真的，那就意味着其他人正在试图挤进爱迪生的地盘。

爱迪生后来发现，那些灯泡是海勒姆·马克西姆设计的，灯丝设计成了标志性的 M 形状，由美国电气照明公司制造和销售。托马斯·爱迪生并不担心有人会仿制自己的设计，因为他知道这是不可避免的。他担忧的，是自己在纽约市场上被马克西姆和美国电气照明公司击败。他不允许这种情况发生——曼哈顿是他的。

托马斯·爱迪生下定决心，势必攻下曼哈顿下城。不过他还没来得及探索规划铺设流程的细节，就遇到了一个重大障碍。他的系统要求发电站的线路在地下延伸连接邻近的房屋建筑，需要很多电线。为了挖掘和铺设关键的电线，爱迪生必须得到腐败的纽约市政府，也就是纽约市议员委员会的许可。爱迪生计划举办一场盛大的派对，为市政议员们展示他的人造光。1880 年 12 月，门洛帕克举办了一场奢侈的派对和灯光秀，动用了四百多盏灯。有人说，现场的香槟杯比玻璃灯泡还多。这是一笔不菲的开销，幸好最终爱迪生如愿以偿。

对于托马斯·爱迪生和他的人才团队来说，门洛帕克是一个完美的地方，既方便去纽约市，同时可以避开城市的喧闹，专注工作。但差点赢走曼哈顿的海勒姆·马克西姆给爱迪生上了非常重要的一课。如果他想点亮纽约市，他就需要待在纽约市。门洛帕克可能离纽约市商业的喧嚣并不遥远，但他在新泽西州发明厂的灯光不够亮，无法抵达他承诺要照亮的地方。

在距离门洛帕克招待市政议员后不到一个月，爱迪生电气公司做出了大胆的举动，在曼哈顿第五大道 65 号购入一栋四层的褐色石建筑，具体目的是持续展示爱迪生电气所取得的成就，以及承诺很快向所有人提供的电气设施。

整个建筑中安装了两百多个爱迪生灯泡，由地下室的燃气发电厂点亮，这个地方像曼哈顿的新北极星一样闪闪发光，吸引人们走进对所有人开放的展览。爱迪生电灯公司高层们知道，这是一个绝妙的营销策略，但前提是要有托马斯·爱迪生的加持。他们知道，赢得民众的支持，关键是要让他在第五大道出场。

许多投资者对爱迪生从门洛帕克搬到曼哈顿新基地的想法感到不安，因为此前他一直直言不讳地表示希望重返工作环境，远离公众视线。有些人确信他会说——或者大喊一声"不去"。毕竟，前去第五大道不仅仅意味着他要装饰橱窗，充当门卫和讲解，同时他也不得不将发明工厂的运营控制权移交给其他人。

然而，出乎所有人意料的是，爱迪生同意了。既然这样可以最大程度地推动爱迪生电气和他珍贵的灯泡，无论是什么他都愿意做。

1881 年 1 月，发明家爱迪生再次成为推销员爱迪生。整整一个月来访者络绎不绝，有社会名流，有科学家、发明家、政客、普通人，爱迪生把家人从门洛帕克带到曼哈顿，安置在第五大道褐石大楼对面一家酒店里。不到三个月，其余工人和设备也纷纷搬到了纽约市。

现在，纽约市成为爱迪生电气的大本营，建立曼哈顿下城供电系统的工作真正开始了。首要任务是寻找第一所集中式发电厂的厂址，爱迪生最初计划建造一座面积约两百平方英尺的单层建筑。最开始他物色的是最贫穷的地区，觉得在这种地方买一块合适的土地和一座建筑物，大约花费一万美元也就够了。没想到，不仅他找到的房子比长三十英尺宽二十英尺大不到哪里去，而且这些房产的价格也比预期高得多。最后，爱迪生在珍珠街购买了两栋楼，支付的不是一万美元，而是十五万五千美元，简直是天文数字！爱迪生对此很淡定："我被迫改变计划，选择了相对便宜的多层房产。"活动面积的限制使他不得不放弃两百平方英尺的平面设计，而是用电线连接上下各楼层。

接下来的两年里，爱迪生扩大业务，致力于将珍珠街的楼打造成需要的发电厂。他的商业版图不断扩大，接手了位于下东区一栋独立建筑，开设爱迪生机械厂，用来设计和制造他的发电机，因为要提供所需电力，发电机也必须重新配备。爱迪生电气公司的董事会投票不参与灯泡制造，爱迪生和最亲密的几位同事包括查尔斯·巴切勒共同创建了爱迪生电灯公司。不能否认，爱迪生已经在倾尽全力为世界提供电灯。

与此同时，门洛帕克用香槟招待政治家的展览不到半年，超过四千份申请纷至沓来，希望修建"独立"的发电厂能为他们供电。申请对象包括为个人住房、工厂和企业提供照明的小型发电厂。最初，爱迪生拒绝了这些要求，只专注于实现点亮曼哈顿下城的承诺，因为一旦他开了口，纽约市的其他地方也会要一视同仁。不过，1881 年 11 月，爱迪生被说动了，批准了部分申请，并成立了爱迪生独立照明公司。到 1882 年 5 月，在对方饱含感激的目光中，独立发电厂在世界各地修建起来，总数超过两百个。

说回纽约市，曼哈顿下城的照明和供电进程没有像预期的顺利。到 1881 年年底，只有三分之一的地区布了线。很明显，一切还需要时间。

终于，在 1882 年 9 月 4 日下午三点，也就是托马斯·爱迪生宣布自己第一个关于电灯的消息四年后，开关按下，在万众瞩目之下，爱迪生的灯泡点亮了曼哈顿下城。前四个月照明是免费的，这是给第一批客户的优惠。

之后两年，珍珠街的供电量和顾客数量都在缓慢增长。但爱迪生不是高枕无忧了，这些大功率机器和这些设备全都是新研发的，问题不免接连出现。

爱迪生一如既往地把解决问题的重任交给了他十分信任的团队，团队像他的业务一样，不断扩大。1884 年来了一名员工，他在爱迪生电气公司待了很短的时间，谁想到未来数年里，这个人变成了爱迪生鲠在喉咙里的一根刺。

尼古拉·特斯拉刚来爱迪生电气报到，他满怀抱负，殷切地渴望能向老板展示自己的能力。

没过多久，托马斯·爱迪生就注意到了特斯拉，为了测试这个新人的能力，他给特斯拉布置了一项挑战——解决 SS 俄勒冈号上的照明系统问题，让这艘停靠在伊斯特河的船恢复航行。

特斯拉在船上通宵达旦地工作，下定决心，不完成爱迪生的挑战就不下船。

第二天早上五点，等在第五大道的特斯拉注视着爱迪生和查尔斯·巴切勒从远处走来。特斯拉回忆说："听到我说俄勒冈号上的两台机器都修理好了，他一言不发地看着我，什么都没说就走开了。但是等他们走了一段距离，我听到他说，'巴切勒，这个家伙……很棒'。"

尼古拉·特斯拉在爱迪生电气工作时，公司正处在发展、动荡和困难时期，需要对接客户需求、扩大面积、扩充机构，还要扩展业务，人们对发电站、发电机、电力的需求与日俱增。

特斯拉知道有一种安全的供电方式，可以用更少的材料为更多的家庭和建筑供电，他准备等一个合适的时机告诉自

爱迪生和他的初代发电机

家老板。特斯拉十分确信，交流电就是问题的答案。特斯拉
究竟是什么时候与爱迪生进行这次对话的，众说纷纭，但从
多方考证可知，特斯拉确实曾与爱迪生进行了阐释，介绍交
流电的诸多优势，包括发电站所需数量少（比如城郊地区一
个就够了，不像直流电，每半英里就得建一个），架设电线
少，输送电力多，而且可以根据需要分配电力，不仅可以满

足照明，其他所有电气设备也足够。

爱迪生对交流电似乎一点也不感兴趣，目前还不清楚特斯拉当时有多大的概率向老板介绍了自己的计划。

反正根据特斯拉的说法，爱迪生一口回绝，表示根本不考虑交流电，并且声称交流电"没有未来，所有搞交流电研究的人都是在浪费自己的时间，还有，交流电是致命的，直流电是安全的"。

爱迪生没有研究交流电这个"致命"科学，而是给特斯拉提出了另一个难题，让他钻研他们正在使用的直流电供电系统，并改进发电机，提高系统效率。特斯拉表示，爱迪生"答应完成这项任务时给我五万美元"。

尼古拉·特斯拉坚定地站在交流电一边，但他也喜欢挑战，再说了，五万美元也很诱人。所以他像解决俄勒冈号的问题时一样，"设计了二十四种不同类型的机器，这些机器规格统一，内芯很短，足以取代旧机器"。几个月后，他成功了。

为了老板，特斯拉将一个甚至他自己都不认可的系统产能提高了大概两倍，是时候轮到爱迪生兑现承诺了。

特斯拉找到爱迪生，详细介绍了他所做的工作，然后要求爱迪生拿出他允诺的五万美元。爱迪生摇了摇头说："特斯拉，你不懂我们美国人的幽默。等你真正变成美国人，就懂什么叫美国式笑话了。"爱迪生是对的，特斯拉不明白这个所谓笑话的幽默，他也不理解爱迪生做生意的方法，他同样不明白为什么面前这个人会愚蠢到对明显更优秀的电流系统视而不见。

特斯拉好好地上了一课，关于商业，关于信任，关于他曾经崇拜的爱迪生。"我既痛苦又震惊，愤而离职。"特斯拉与托马斯·爱迪生的短暂雇佣关系持续了不到一年就结束了，他的辛勤工作和聪明才智没有收到金钱上的回报。

一切恍如一年前他刚踏上美国时一样，尼古拉·特斯拉又变成了孤身一人。他已经习惯了，特斯拉很早就知道，独处是独一无二的代价。

而这个人——尼古拉·特斯拉——没有比独一无二这个词更适合形容他的了。

6 光明之子

尼古拉·特斯拉的出生证明上记录的日期是 1856 年 7 月 10 日，但他本人坚持声称他出生在 7 月 9 日与 10 日交会的"午夜时分"。

诚然，普遍认为 7 月 10 日是尼古拉·特斯拉的生日，但只有出生在两天的交界线上才符合特斯拉的本色。罕见的生辰预示了尼古拉·特斯拉的不同寻常。

奇特的还有他出生时的天气。在克罗地亚的斯米尔扬，特斯拉家上方的夜空暴风雨肆虐，电闪雷鸣，雨水像鞭子似的抽打着大地。助产士也认为这个在午夜出生的男孩必不一般，断言特斯拉是"风暴之子"，意思是他是受诅咒的"黑暗之子"。特斯拉的母亲朱卡·曼迪克立马反驳："不，他是光明之子。"这位母亲不知道自己说了一句多么精准的预言。

特斯拉的母亲出身塞尔维亚最古老、最传统的家族之一，她的姓氏"发明家"辈出，"发明了许多用于家庭、农业和其他用途的工具"。长辈们嘴里的"尼科"——尼古拉·特斯拉，从小就目睹母亲"从白天到深夜不知疲倦地工作"，她是

"一流的发明家"，"发明制造了各种工具和设备，并且用自己纺的线织出了精妙绝伦的花纹"。

　　小尼科的整个童年都在创造各种他觉得有用的东西。玉米秆做的玩具气枪和钓青蛙的鱼钩给男孩带来了不少乐趣。对了，尼科还有个发明，就是拿一个四叶木蜻蜓，每个叶片都沾上或者绑上三四只五月虫。特斯拉回忆说，这些笨重、强壮但笨拙的飞虫"特别有力气"，"一飞就停不下来，木蜻蜓可以转上好几个小时"。小尼科可太喜欢这个木蜻蜓了，好景不长，隔壁一个男孩生吃掉了干苦力的虫子们。目睹了这一可怕景象，"我再也不敢摸五月虫了"。

　　母亲为尼古拉树立了一个富有创造力的勤奋榜样，他的父亲米卢廷·特斯拉是一名牧师。但尼科并没有从父亲那里获得强烈的信仰，他始终无法全身心地投入到本应遵循的精神召唤中去。不过父亲培养了尼科写作的能力，尼古拉也是一名作家。回首童年，他自认"父亲的训练对我十分有帮助。练习的种类各种各样，比如猜测彼此的心理活动，找出文章结构和行文表达的缺陷，背诵长难句，演练心算。这些日常课程对加强记忆力和增长理性很有用，特别是培养了我的批判性思维"。米卢廷有一样特征，喜欢用不同的语气和口音自言自语，这一点也被成年后的尼古拉·特斯拉继承了。

尼古拉出生的那个时期，男孩有两种未来可以选择：投身军队，或者从事神职。家里人自然希望他跟随父亲的脚步。尼科两个都不喜欢，但又觉得有责任坚守父亲为自己开辟好的道路，尤其在经历了失去哥哥戴恩的悲剧之后。戴恩是尼古拉口中"天资聪颖"的大哥，却在一次骑马时意外丧生，令父母"无法释怀"。尼科感觉，自从戴恩离开后，自己"取得的所有突出成绩只会让我的父母更敏锐地感受到他们失去了什么"。哥哥的死加重了尼科的责任，他选择去继承家族事业，成为神职人员。

尼科不善交际，中学时的他，一方面展现出孤僻的特点，另一方面他的聪明才智也初露锋芒。尼科研读了所有能找到的电力书籍，并"用电池和感应线圈做实验"。尼科的高智商毋庸置疑，在绝大部分学生眼中简直是"天书"的微积分，尼科学得易如反掌，有时老师都斥责他肯定作了弊。

社会环境和人际关系并不像微积分那样简单，也不像电学那样吸引尼科。他的难题是与同龄人打交道，因此相比人类的伙伴，他经常更喜欢鸟类等动物。

关于尼科不会社交有个很有代表性的例子，一天他的两个阿姨吵了起来，都说自己比对方好看，争论了半天，她们让尼科来当裁判，特斯拉的原话说，"在仔细观察了她们的脸之后，我指着其中一个不确定地说，'这个没另一个那么丑'。"

17 岁那年，他第一次在大脑中将自己的发明具象化。"出现灵感时，我可以立即在脑海中构建它的样子，改换结构，加以修改，甚至依靠想象操作设备。通过这种方式，我能够在不实际动用任何物品的情况下高效地检验和完善设想。"

特斯拉十几岁在学校的时候从书本上看到一个地方：尼亚加拉大瀑布。他在脑海中想象着瀑布的磅礴气势以及飞溅的每一滴水珠，随着"看见"瀑布的次数越来越多，他越来越觉得有个巨大的轮子推动着咆哮的水流。后来，他向叔叔发誓，将来一定要去美国。

虽然心里不甘愿，17 岁的特斯拉依然准备领受神职，因为父亲乃至周围的每个人都理所当然地认为这就是他的路。然而命运强势插手，用一场严重的霍乱阻止了特斯拉。他奄奄一息躺在床上，好像已经做好了死亡的准备，他喃喃地对父亲说，如果家里答应他可以回学校学习电学，也许他会好起来。父亲发誓尊重他的想法，没想到特斯拉竟然真的奇迹般康复了。

1877 年，21 岁的尼古拉·特斯拉继续深造，就读于德国卡尔施塔特的实验中学，一头扎进电学研究，他像一块硕大的海绵，着迷地汲取着有关电的一切知识。

传奇又神秘的尼古拉·特斯拉

可是老师们并不欣赏特斯拉对电的不断钻研，他们更支持直流电的技术成熟，安全性更有保证，更好生产。但直流电对能源的浪费太过奢侈，特斯拉反驳道，直流电注定要走进死胡同。特斯拉坚信，交流电才是光明的未来，现在只是处于理论发展初期罢了。

特斯拉在布拉格大学旁听上课，1880年终止了学业，没有获得学位。

转年1月，特斯拉开始工作，在布达佩斯的中央电报局谋了一个职位。那段时间，他只关心和思考一件事——交流电。

一天，特斯拉和大学时的朋友安东尼·西盖蒂一起散步，走着走着，他突然仿佛看到身边围着一圈圈的圆，而且越来越清晰，好像伸手去摸真的可以摸到似的。26岁时，出现在他眼前的圆圈是一个充满能量的圆形物体，让人联想到太阳。它的边缘被硬线圈在四个点位固定住，分别在十二点、三点、六点和九点方向。这个能量圆球沿着线圈一个点位、一个点位地转动，好似被这边的点位推了一把，于是转动，然后又停下，被下一个点位推动，停止，再下一个，圆球持续转动，丝毫没有要停下的迹象。这次的想象用幻视来形容更贴切，不仅给了特斯拉灵感，也改变了人类的历史。特斯拉刚刚"看到"了他的交流电机在工作。他发明了交流感应电动机。

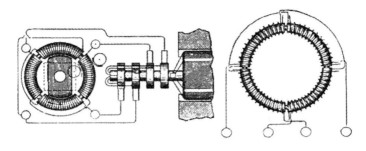

特斯拉交流感应电机原理图

当然，脑海中的发明必须实际去制造和运行。1880 年到 1884 年，尼古拉·特斯拉都在考虑怎么让机器按照设想运转。那段时间，他无比渴望能够在德国和法国继续制造发动机，但根本没有人愿意资助他。

机会出现了，1884 年，爱迪生电灯的直流电系统在巴黎安装，尼古拉·特斯拉恰好遇到了一个名叫查尔斯·巴切勒的人，我们的老朋友——托马斯·爱迪生信赖的得力助手。巴切勒在巴黎经营爱迪生的工厂，爱迪生本人负责在纽约把事做好。特斯拉的研究吸引了巴切勒，很快，他给这位塞尔维亚发明家寄出了一封信。后来爱迪生曾喊特斯拉"巴黎人"，因为巴切勒说他们是在巴黎遇到的。

特斯拉知道，如果有人能帮助他研发和应用交流电机，那个人就是发明之父托马斯·爱迪生。这是尼古拉·特斯拉必须抓住的重大机遇。

对于 28 岁的特斯拉来说，那是一段漫长的旅程。我们的发明家迫不及待地登上船，开启了艰苦的海上航行。1884 年 6 月 6 日，尼古拉·特斯拉踏上了美国纽约，口袋里只有 4 美分，手中握着查尔斯·巴切勒写给托马斯·爱迪生的推荐信。

信在船上已经被看过无数次了，特斯拉再次将它打开，视线扫过宿命般的一段话。"我认识两个了不起的人，一个是你，另一个是这个年轻人。"巴切勒在信里对爱迪生说。

没有丝毫停顿，特斯拉踏上了他的目的地——第五大道，人们说伟大的托马斯·爱迪生就在那里。特斯拉一边走，一边止不住想象了不起的、独一无二的托马斯·爱迪生被自己的交流电机迷住的场景。

7 我的是你的

离开爱迪生电气后，尼古拉·特斯拉本应该再次孤立无援，在恶劣的就业环境下一贫如洗，重新陷入迷茫。但这位来自塞尔维亚的移民在爱迪生的手下学到了一些宝贵的教训。

首先，特斯拉知道无论是什么样的竞争对手，即使是被吹上天的托马斯·爱迪生也并非没有弱点。自己可以改进爱迪生的生产线和机器，这一事实说明在智力方面自己更胜一筹。另外，爱迪生回避所有关于交流电的讨论，因为这位发明大师很紧张，害怕有人打败他珍贵的直流电。最重要的是，特斯拉确信他的设计比直流电更先进、更实用。

特斯拉明白，他现在的问题在于托马斯·爱迪生已经获得的巨大成功。"这个人太了不起了，我很惊讶，他白手起家，也没有经过科学的学习，却取得了如此多的成绩。"

诚然，与塞尔维亚人全面的教育形成鲜明对比，爱迪生没在学校待过几天，却仍然像他发明的灯泡那样熠熠生辉。爱迪生不仅在创新方面令人叹为观止，这位发明之父在社会上同样如鱼得水，手下的业务和人员都管理得井井有条。

特斯拉找到了信心和勇气，同时也清楚地发现自己几乎没有什么在科学界和商界的经验。最致命的一点是缺乏资金支持。

别怕，慧眼识珠的不止巴切勒一个。1885年3月，托马斯·爱迪生的前代理人勒缪尔·瑟雷尔和专利发掘师拉斐尔·奈特找到了特斯拉。瑟雷尔清楚特斯拉的天分，他表示，经营方面他来应对，特斯拉负责把已有的发明加以改进。

但研究别人的发明对特斯拉是相当陌生的，他的习惯是将时间全都花在脑海中创造自己复杂的发明，比如用想象一点一点地构建一件独特的新事物。他还从没以申请专利为出发点研究现有发明的缺陷并进行修正，以期为改进申请专利。瑟雷尔花费了一番工夫向特斯拉表明改进发明可以赚不少钱，另外，改进申请专利也可以帮助一个名不见经传的移民提高知名度。

特斯拉先是解决了弧光灯照明不稳定经常发出噼啪声响的毛病，1885年3月30日，瑟雷尔和奈特帮特斯拉将这一改进申请了专利。不久之后，同年5月和6月，又通过了两项专利，其中包括改进发电机换向器，防止火花的产生。7月，特斯拉的名下又增加了第四项专利。短短四个月，四项专利！

这项工作完全符合特斯拉的心意，有人经营打理，自己专心研究。但这种方式的弊端很快出现，甚至让特斯拉跌了个大跟头。有一次，瑟雷尔和奈特介绍了罗伯特·莱恩、B. A. 韦尔认识了特斯拉，两位新泽西来的商人看到了这位年轻发明家的潜力，认为特斯拉是一颗蒙尘的璀璨宝珠，是摇钱树，是还未破壳的雏鹰。他们决心利用他赚钱。

特斯拉的大脑不停运转，源源不断地修正、组装发明，两个商人提供资金支持，对特斯拉的想象进行实际实验。作为交换，专利归莱恩和韦尔所有，他们同时掌握公司本身的控制权。特斯拉冲动地同意与这两位商人合作，特斯拉电气制造公司在韦尔的家乡新泽西州罗威市成立了。莱恩和韦尔要求特斯拉承诺先全力研究他们的项目，然后再思考交流电系统。公司真的会开发交流电吗？很快吧，会的会的，他们含含糊糊地应付特斯拉说。

于是接下来的一年，特斯拉的大部分时间都在从事一个项目：在罗威的城镇和工厂设计、开发和实施第一个也是唯一一个市政弧光照明系统。罗威弧形照明项目引起了知名《电气评论》杂志编辑乔治·沃辛顿的注意，他在 1886 年 8 月 14 日的杂志头版上介绍了特斯拉的系统。

接下来的几个月，特斯拉和他的合作伙伴在出版媒体上不断宣传公司的业务，并请了一位纽约市的机械艺术画师绘制电灯和发电机示意图，特斯拉撰写的文案声称他们的弧光照明系统是"最完美的""全新问世"。这家公司获得了知名度，更重要的是特斯拉的名字逐渐引起人们的注意。

罗威的项目已经彻底完成，特斯拉按照对方之前承诺的条件，提出了研究交流电的要求，丑陋的人性始终要显现，莱恩和韦尔拒绝给他们认为"无用"的交流电花一分钱。特斯拉出离愤怒，他在罗威项目上花费了百分之二百的心血，心中只为了一个目标，就是能快一点，再快一点开始交流电的研究。

然而，对韦尔和莱恩来说，公司已经达成了他们设想的全部目标。特斯拉说，他们给了"我人生最沉重的打击"，迫使他离开自己一手建立的公司，"除了一张雕刻精美实际不值分文的股票证书外，没有带走任何财产"。一年多前爱迪生欺骗了他，现在特斯拉重蹈覆辙，被韦尔和莱恩欺诈，他的辛勤工作打了水漂。

1886 年冬天到 1887 年，特斯拉做着平凡得不能再平凡的苦工，修理电气设备，给西联汇款的地下电缆挖沟。这不仅浪费了他接受的教育和训练，还不得不忍受了"恐怖的头痛和苦涩的眼泪，物质的匮乏加剧了痛苦"。即使在这段艰难时期，特斯拉还是设计出一种新型电机并成功申请了专利，电机的原理是利用热量的有无引起磁力的产生和消除，灵感来自他在托马斯·爱迪生手下工作的那段时间。

爱迪生电气公司内部研究员之间流传着一项1884年开展的实验，在煤炭加热和供电的过程中，过热的煤释放出的一种气体被点燃，引起爆炸，爆炸的威力大得炸飞了实验室的窗户。在反复听到这个故事的细节之后，特斯拉陷入了沉思。他知道磁力受热会消失，冷却后恢复，再次受热又会消失。如果这种周期性模式可以被稳定地利用，则可能导致连续的运动，最终得到一个可以信赖的高效率发动机。他一边汗流浃背地为西联汇款挖沟，一边将热磁电动机设计出来，申请了专利。这让人联想到特斯拉在暴风雨中奇迹般的出生，在他身上，福祸总是相依的，比如挖沟。

特斯拉向工头解释了热磁电动机的原理，后者又告诉了西联汇款的主管阿尔弗雷德·S. 布朗。布朗之前曾在《电气评论》的专题报告中读到过特斯拉，他决定去见见这位正在沟里暴殄天物的天才科学家。

布朗很清楚直流电的局限性，他迅速联系了自己杰出的律师朋友查尔斯·F. 派克，看看他是否有意向与特斯拉合作。派克拥有丰富的专利知识和敏锐的商业意识，以及大量资金。

派克认为交流电没有未来，拒绝了特斯拉。想赢得他的支持，特斯拉要让他见证交流电的测试和演示，以令人惊艳的方式。

好不容易和派克见上一面，特斯拉问他，"您知道'哥伦布之蛋'吗？"

派克点了点头，谁不知道这个传奇一幕呢？

渴望出海冒险的克里斯托弗·哥伦布也曾面对世人的反对与质疑。传说哥伦布要求质疑他的人把鸡蛋竖着立在一个平面上，很多人接受了挑战，当然种种尝试都以失败告终。哥伦布随后提出一个赌注：如果他能做到，可以让他见伊莎贝拉女王吗？他们笃定没人能办到，笑着同意了。闻言哥伦布毫不犹豫地轻敲手中鸡蛋的尖端，把壳弄破，鸡蛋稳稳地站在桌上。原本怀疑哥伦布的人们被他的独创思维折服了，不久哥伦布成功得到伊莎贝拉女王的接见。剩下的就是大家都知道的历史了，哥伦布获得了前往印度群岛的船只和资金。

看到派克对哥伦布的故事无动于衷，特斯拉很快补充说，他可以做到，而且是"在不破壳的情况下"。派克的眼中闪过一丝兴趣，特斯拉赶紧抛出杀手锏："如果我成功了，你会承认我比哥伦布厉害吗？"

派克表示，如果他做得到，自己可以考虑提供一点支持。特斯拉听他这么说，闪电般冲出去，找到了一个煮熟的鸡蛋。

他又来到附近的铁匠铺子，让铁匠在鸡蛋外面镀上一层铜，又做了几个黄铜球和几个带中轴的铁盘。接下来，特斯拉自己弄了一个圆形的木质外壳，周围安装了多相电路，他将所有东西一齐带去见派克。

特斯拉信心满满地将鸡蛋放在木质外壳的中央，接通电流。鸡蛋开始旋转，起初跌跌撞撞地摇晃，随着转速加快，鸡蛋竟然真的自己站直了。特斯拉看向派克，咧嘴一笑。他已经竖起了鸡蛋，而且没有破坏一丁点儿蛋壳，更妙的是用这个磁场的旋转展示了交流电的基本原理。

特斯拉版"哥伦布之蛋"的复制品

双方握手谈合作，特斯拉和布朗、派克成立了特斯拉电气公司。他们同意平分专利，交易结构是：利润和资源特斯拉得三分之一，布朗和派克得三分之一，剩下的三分之一用作发明资金。

因为有与爱迪生、韦尔和莱恩合作的前车之鉴，协议还有最后一条，即每个月给特斯拉二百五十美元的额外薪水，这无疑给了特斯拉一颗定心丸。布朗和派克、特斯拉共同投资了一个长期的未来，一个特斯拉魂牵梦绕的未来——交流电。

1887 年 4 月，特斯拉电气公司在纽约市自由街 89 号一栋建筑的二楼宣布成立。虽然今天这座建筑毗邻世界贸易中心，然而那时简陋的实验室里只有工作台、炉子和一台韦斯顿发电机。

楼下那层的格伯文具印刷公司白天使用蒸汽机生产，布朗和派克和对方商量，晚上把蒸汽机给特斯拉用。渐渐地，特斯拉和竞争对手托马斯·爱迪生一样成了夜猫子，并且把这种生活习惯延续了余生。

布朗和派克对特斯拉的交流电系统充满信心，而特斯拉也克服了他自己的偏执和对商业伙伴的不信任。互信互惠，互相尊重，诚信以待，双方达到了良好合作的基础，也正因为如此，特斯拉同意在开发交流电的同时兼顾其他发明。派克处理大部分专利业务，提供大头资金，布朗担任技术专家，三个合作伙伴组成了一个各司其职的优秀团队，不到一年，特斯拉设计出三种完整的交流机械系统（单相、双相和三相电流），每一种都生产了发电机，组建了由发电机提供动力的发动机，组装出可以自动控制机械的变压器。特斯拉把涉及的计算一一列出，方便派克申请详细的专利。

特斯拉电气公司蒸蒸日上，尼古拉·特斯拉这个名字被科学和商业领域更多人所知道和讨论。万事俱备，只欠一场东风，特斯拉就能成为家喻户晓的名人。

8 大人物的相遇

　　有人说，如果没有传奇制作人贝瑞·戈迪，迈克尔·杰克逊永远不会成为"流行音乐之王"。戈迪发现了年轻的迈克尔的天赋，凭借他的指导，迈克尔在音乐界大放异彩。再比如霍华德·考塞尔和穆罕默德·阿里，如果没有考塞尔的记录和宣传，世界不会知道阿里"拳王"的称号。诚然，阿里原本的拳击生涯和考塞尔无关，但正是通过对方持续的火热报道，才令大伙认识、喜爱、尊重这位身影像蝴蝶一样翩飞、拳头像蜜蜂一样蜇人的拳击手。同样，在科学界，若是少了托马斯·康默福德·马丁，就不会有后来的尼古拉·特斯拉，也许不会有交流电的广泛使用。倘若尼古拉·特斯拉没有遇到这个大多数人嘴里称之为"T. C."的人，他是否还能名声大噪呢？我们不知道。

　　看过 T. C. 马丁的人都不会忘掉他，光头、双眼锐利、夸张的小胡子。马丁是一位专业作家，1877 年至 1879 年间为托马斯·爱迪生工作。后来因为想换个环境，他与合作融洽的爱迪生分别跑去牙买加定居了很短的时间，1883 年返回纽约，在知名度颇高的科学期刊《操作员和电气世界》做编辑。凭借和爱迪生的关系，T. C. 定期为大众介绍发明之父，使期刊成为读者大众关注的焦点。没过多久，T. C. 的名字在科学界已经广为人知且备受尊重，他眼光独到、平易近人，对营销和社会推广天生有着敏锐的直觉。但他不满意《操作员和电气世界》的待遇，于是带着联合编辑约瑟夫·韦茨勒转投去了《电气工程师》。靠着 T. C. 的声誉和他的优秀工作能力，《电气工程师》很快成为领域内最具权威的出版物。1887 年，T.C.被任命为新成立的美国电气工程师协会（AIEE）主席，大展拳脚。

特斯拉感应电动机的模型

1887 年 7 月，T. C. 听说了特斯拉和他的交流电实验。出于好奇，他前去参观了自由街的实验室。

没聊两句，T. C. 就被特斯拉的绝妙想法和言谈中的自信所打动，邀请特斯拉做杂志的内容主角。T. C. 说，特斯拉的眼睛"让人想起故事中拥有敏锐感知和非凡洞察力的人物。他读的书包罗万象，并且过目不忘……再也找不到比他更和蔼可亲的同伴了"。

他们的合作关系持续了数十年，双方互惠互利，1893 年，由 T. C. 汇编的特斯拉作品集出版了，里面收录了特斯拉最重要的著作，书名很好地概括了其内容：《尼古拉·特斯拉的发明、研究和著作》。

不过当时是 1888 年，特斯拉的名字并不像爱迪生那样广为人知，特斯拉既没有自我推销的意愿，也没有这样做的能力。别忘了，他曾经被两个阿姨问谁更好看时说其中一个不像另一位那么丑。再加上作为移民，特斯拉对美国的生活方式还有很多东西需要学习。

T. C. 意识到特斯拉需要一位领域内有权威的专家为他认证，1888 年年初，他安排康奈尔大学前工程学教授、受人尊敬的科学家威廉·安东尼测试特斯拉交流电机的效率。安东尼最近在康涅狄格州马瑟电气公司授任了新职位，由他出面支持特斯拉的交流电再合适不过了。

安东尼留了一大把胡子，一般人看到他都会被他蓬乱的胡须吸引了注意力，以为他是一个伐木工人，想不到他是名学者。安东尼应 T. C. 的邀约来到自由街实验室进行测试，结果都很好。特斯拉也准备前往康奈尔大学，向那里的教授和学生展示他的发动机。测试全部结束后，安东尼断定特斯拉的交流电系统确实不一般，和 T. C. 两个人一块敦促特斯拉出席即将举行的美国电气工程师协会大会，届时出席的都是世界上最杰出、最举足轻重的科学家。

一想到面对一大群专家发表演讲，特斯拉感到不寒而栗。他不担心自己的专业知识，他害怕的是人群。如果特斯拉能选择，他只想躲在实验室里，最好谁都不见。

除了不愿意发表演讲之外，特斯拉对公开自己的研究成果偏执地排斥。虽然爱迪生、韦尔和莱恩的背叛带给他的伤已经基本愈合，可正如 T. C. 所说，特斯拉不愿意"向研究所提交任何关于他工作的论文"，直到大会前一天，才被 T. C. 和安东尼说服，匆匆忙忙地在演讲前用铅笔写发言稿。

"我很高兴，能提请各位留意一种通过交流电配电和输电的新系统。"特斯拉沉着自信地盯着他的听众们。这是他演讲的开头，题目是"交流电机和变压器的新系统"，他最后断言，这一系统将"创建电流对电力传输的卓越适应性"。

T. C. 马丁对特斯拉的果敢权威的表现刮目相看，他知道这有多么困难，尤其是在场的大多数电气师和工程师都反对交流电。在演讲开始前，托马斯·爱迪生已经发起了推广直流电运动，公开质疑交流电的有效性和安全性。当时交流电也有几位拥护者，包括交流电市场的先驱乔治·威斯汀豪斯①。电流之战已经打响，只不过参战者尚未完全浮出水面。

现在冒出一个特斯拉电气公司，拥有特斯拉功能系统的专利，人们用怀疑的眼光看着。毕竟，就在几个礼拜前，托马斯·爱迪生还对乔治·威斯汀豪斯断言说："不管多小的电器，只要安装进威斯汀豪斯的交流电系统，六个月之内客户肯定会死……没有不危险的交流电。"

面对反对的声音，特斯拉使用图表、数学计算和斟酌的语言回答了关于交流电大众讨论的常见问题，随后给出了详细、清晰的解决方案。当在场的工程师们点头表示同意，惊讶于自己竟然没有想到特斯拉的观点时，看大伙都沉浸在自己的讲述中，特斯拉继续演示同步电动机如何在瞬间反转。

他还详细列出了单相、双相和三相电机的数据，甚至阐

---

① 乔治·威斯汀豪斯（George Westinghouse），他的公司 Westinghouse Electric Company 也就是西屋公司。——译者注

述了把它们调整成直流电设备有多么容易。此前从未有人展示过交流电与直流机械一起使用。

　　T. C. 马丁满脸自豪。看着特斯拉在舞台上大放异彩就像看到一块曾经是空白的画布现在成了精湛的艺术品。如果没有 T. C. 对"调色板"的熟练运用，展览不可能实现。特斯拉继续讲着，而与会者们则兴奋地讨论着，完全沉浸其中。

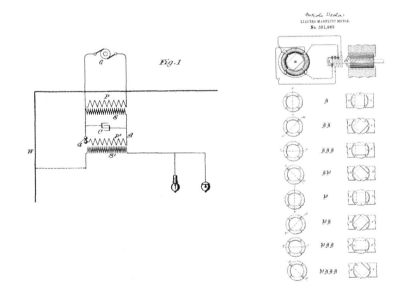

左图:特斯拉高频单线照明运作示意图
右图:特斯拉交流感应电机专利草图

　　特斯拉演讲完成后，威廉·安东尼站起来宣布，他进行了独立测试，结果表明特斯拉的多相电动机的工作效率提高了超过 60%。安东尼还指出，电流的方向变换"如此之快，以至于几乎不可能判断何时发生了变化"。这种快速反转电流的能力是持续不断供电的关键，并使交流电能够保持电力的强度和输出，这与直流电形成鲜明对比，直流电电流只能从一个电路往一个方向输送，离电源越远，输出就越弱。

总结来说，就是特斯拉非常清晰且细致地介绍了自己的整个系统，他的演讲赢得了听众的尊重，一位前辈专家证实了他的主张。尼古拉·特斯拉度过了美好的一天，他在专业领域站稳了脚跟。

演讲结束后，特斯拉名气飙升。与会现场对他最感兴趣和最热情的是那群为乔治·威斯汀豪斯工作的工程师。他们老板在参会前便在考虑购买特斯拉的专利，但大会开完，他们心中只剩下了钦佩和敬畏，威斯汀豪斯决定与布朗和派克认真商谈合作。

演讲结束仅六天，他们就派副总裁亨利·拜尔斯比和他的律师克尔共同拜访自由街实验室。拜尔斯比承认，特斯拉的研究超出了自己的理解范畴，但他得出了结论，特斯拉是一个"有话直说、充满激情"的人。虽然会面很满意，但拜尔斯比和克尔并没有逗留太久，他们不想表现得特别感兴趣，这也是一种谈判策略。临别时，他们与布朗和派克握手，这

乔治·威斯汀豪斯

两位特斯拉电气公司的合伙人表示，公司也在接洽一位旧金山的意向合作伙伴，对方很热情，所以你们要在周五之前做出决定。

威斯汀豪斯听取了拜尔斯比和克尔的汇报，但并没有理会所谓的神秘旧金山客户。相反，他花了六个礼拜检查特斯拉的发明是否有效，派出多位西屋电气公司的代表测试特斯拉的机器。托马斯·克尔担心被人捷足先登，不断催促再快一点，最终，众人一致得出调研结论："如果特斯拉的专利范围足够广泛到可以开展交流电机业务，那么西屋电气公司就不能让别人染指它们。"

具体西屋公司花了多少钱购买专利，有几种说法。最高的说一百万美元，有的人说十万美元，也有说二十多万的。但毋庸置疑的是，西屋公司花了一大笔钱一口气买下了四十项专利，电动机产出的每瓦都要给特斯拉两美元五十美分的专利税。

达成了这么大一笔的交易、这么重要的商业合作，特斯拉和威斯汀豪斯两位人物甚至没有见过面。这怎么行呢？特斯拉受邀前往西屋公司在匹兹堡的实验室参观，他很喜欢那儿，表示可以一直留下，帮助落实交流电系统的开发和实施。这段时间是特斯拉一生中最快乐、最舒心的时期。他像一位骄傲的父亲，看着自己珍爱的孩子——交流电茁壮成长。

更令特斯拉舒心的是，他对自己的新搭档十分满意，或者说气势满满的乔治·威斯汀豪斯让特斯拉觉得可靠。这个身高六英尺的男人有着浓密的头发，旺盛的鬓角毛发一直延伸到标志性的海象八字胡。关于初次见面，特斯拉回忆道，他"给人的第一印象是个怀有巨大能量潜力的人……身体强壮，身材匀称，肢体灵活，一双眼睛清澈如水晶般闪耀，迈着轻快的步伐。他在人群中具有罕见的活力和能量，就像森林里的狮子一样，深深呼吸着工厂里烟雾缭绕的空气"。

不只有一个人这样高度评价威斯汀豪斯，惹人敬爱是成年后威斯汀豪斯身上公认的标签。但是，威斯汀豪斯所获得的一切——包括声誉——都来之不易。他是真正的白手起家，他向世界赢得了尊重和信任，并由此取得了巨大的成功。

9 爱拼才会赢

现在，威斯汀豪斯不仅参加了战斗，而且是拿出了势必让交流电在全世界应用的大规模商业化手段。爱迪生和他的投资人即 J. P. 摩根公司意识到反击已迫在眉睫。大众眼中的乔治·威斯汀豪斯非常受欢迎，是白手起家的形象，在公众欢迎度上爱迪生也没他占优势。

让我们来说说乔治·威斯汀豪斯这个人吧。1846 年 10 月 6 日，他出生于美国，在纽约中央桥。从来到这个世界的那一天起，小乔治·威斯汀豪斯便总是容易沮丧和固执。婴孩时期他的脾气只不过是歇斯底里的哭闹。随着年龄的增长，他的问题变得愈发严重，甚至会为了达到目的用头撞墙。

很多年后乔治说："我天生就觉得我想要的东西必须得到，这个念头伴随了我一生。我一直都清楚自己想要什么，以及如何得到。小时候我发脾气，长大之后，我靠努力。"

少年时期，他的脾气就在镇上和学校里出了名，他经常和其他男孩甚至个子比他大很多的打架，打到后来别人都喊他疯子。有次打完架，他被爸爸老乔治带去谷仓用棍子抽，结果棍子承受不住（小乔治长得比实际年龄壮很多），断成了两截，小乔治向父亲建议用挂在旁边的拴马的皮带，更结实，不会断。父亲的体罚结束了，但小乔治解决问题和发明的意识已经萌发了。

小乔治对上学不感兴趣，和机械有关的一切令他格外着迷。老乔治开了一家机械厂，本来他不喜欢儿子对机械的偏好，不过在一位牧师的努力劝说下，最后年仅十三岁的乔治在车间里当了全职学徒。作为老板的儿子，乔治知道，他必须加倍努力才能赢得他人尊重。

有一天礼拜六，气温飙升到三十八摄氏度，老乔治决定让员工们下午休息。正巧工厂接到一个订单，要把许多管子切割成特定尺寸。这项工作安排给了最基层的小乔治，而且做不完不能走。乔治很生气，心里暗暗承诺，如果自己做了老板，每个礼拜六下午，甚至礼拜天都要给所有员工放假。他后来确实也做到了，西屋公司开创了周末休息的惯例，逐渐演变成为全美国的风气。

说回现在，十几岁的乔治把管子拖到锯子上——他仍然对父亲分配额外工作给自己愤愤不已——眼睛盯着蒸汽机和车床。

突然，他的脑子里出现了一个灵感。

乔治将管道安装到车床上，蒸汽产生的力和锯子像切黄油一样轻松地切开了管子。不到一个小时，原本用锯子手工切割需要花费接下来一整天工夫的管子就切好了。父亲看他早早回了家，骂儿子偷懒，根本不相信他已经干完了活。他和小乔治一起回到工厂，看见管子确实都按照要求切割完成，高兴得不得了，两只胳膊紧紧搂住微笑的儿子一齐走回家。一位发明家诞生了。

随后几年，乔治时不时搞些小发明出来，其中包括他的第一个官方专利——旋转式蒸汽机。厚积薄发，他创造出自己青年生涯中最重要的两项发明:车厢复轨器和空气制动器。

二十岁那年，乔治经常从中央桥去纽约各地出差，帮父亲商谈争取合同。一天，他从奥尔巴尼回家，火车开到一半停下了。

乔治询问延误的原因，一位朋友解释说，后面有两三节车厢出了轨，要等复了轨才能走。好吧，大家一起等待漫长而单调的复轨工作完成，没想到乔治说:"其实十五分钟就够了，只要将一对铁轨连在轨道上，然后按照一定角度像转辙器（一种方便火车在不同轨道切换的装置）那样分开，连接到距离最近的脱轨车厢的车轮下面。再用车头拉住车厢，便可以复轨了。"

乔治飞快地制订了计划并做了一个模型，不过没有打动父亲投资，只好去外面找投资人。他拿出推销员的口才，很快就与两个投资人建立了合作关系。更重要的是，这次的发明和经验让他和铁路产生密切关联，因此创造出一项奠定他在商界影响力地位的发明——空气制动器。

空气制动器的想法同样诞生于一次外出，这次是从斯克内克塔迪到特洛伊。同样地，一场铁路事故推迟了乔治的行程，这次情况更严重，两个货运车厢相撞，现场一片大混乱。好在这次事故没有造成任何人员伤亡，可如果出事的是客运车厢，后果将不堪设想。

那天天气晴朗，铁路上无障碍物，也没看到轨道故障，事故为什么发生呢？乔治是个遇事喜欢追根究底的人，于是上前询问工作人员。原来火车"不能瞬间停止"，火车刹车需要手动，由各个制动员在每节车厢中启动制动器，所以刹车很容易就会出现不连贯的状况。乔治很快发现，问题出在停车哨声和每个制动员刹车的时间间隔。

如果能统一操作所有的制动器，创建一个统一的制动系统，刹车将会变得更加安全。

乔治尝试了各种同时制动的方法，最终选定了一条长链，链条安装在火车下方，只需启动一次刹车，就可飞快地将每节车轮上的制动器启动。剩下的问题便是如何将链条上的力从火车的前部——分配到后面。

　　一天，乔治正坐在办公桌前，一个女人拿着本杂志走近，请他帮帮忙订阅，好让自己支付教师培训费。乔治不假思索拒绝了，并告诉那个女人去找看杂志的人推销，谁想到那个女人说她面前的就是看杂志的人呢。乔治端详女人，只觉她一脸和善，不由得随便翻开一本杂志，一眼看见一张照片，正是这张照片启发了他成功发明空气制动器。

蒙特塞尼斯隧道

照片上是贯穿欧洲阿尔卑斯山脉的蒙特塞尼斯隧道（今天又叫弗雷瑞斯隧道）。吸引威斯汀豪斯注意力的不是照片本身，而是隧道的建造原理。他翻阅杂志，了解到意大利工程师使用被压缩的空气做动力推着火车爬上陡峭的山峰，后来又想尝试将压缩空气与打洞机结合，在山上挖隧道。"最终,打洞机被压缩到自然体积六分之一的普通空气推着向前，因为被释放的空气给机器施加了相当于六个大气压的膨胀力。"乔治胸中充斥着激流，豁然开朗。

乔治想，如果压缩的空气可以迫使机器穿过山体坚硬石头，那么也肯定可以为火车制动提供动力，在瞬间完成整辆车的统一制动。他没想到居然从一本杂志上找到了自己一直在寻找的答案。

火车的制动系统是相当复杂的，乔治全神贯注地检查每个环节，搞定了连接问题，开发出比手动制动器安全得多的空气制动器，并且进行了试验和改进。

乔治准备卖掉空气制动器，让它能实际投入稳定使用。这不仅是想盈利，更重要的是希望铁路更安全。然而，推销新的刹车装置并不容易。等了很久，乔治才得到一个与传奇人物"准将"科尼利尔斯·范德比尔特会面的机会，结果乔治没说两句就被对方叫停了。范德比尔特嘲弄了乔治·威斯汀豪斯"风"可以制动火车的想法。他四处寻找其他支持，可等有人投资并且空气制动器的试运行取得成功时，范德比尔特跳出来，在公众面前抹黑乔治·威斯汀豪斯和空气制动器。

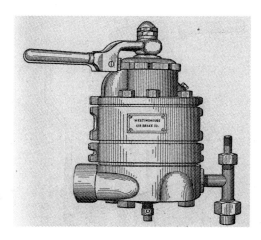

威斯汀豪斯空气制动器

讽刺的是，范德比尔特选择的号召对象正是威斯汀豪斯后来的商业生涯中最喜爱他的人群——工人。因为空气制动器只需一名操作员即可启动整个系统，而现有的轨道制动器则每节车厢都需要操作员。范德比尔特直接走到劳动市场，向工人们宣称这个见鬼的"风力"系统将夺走他们的工作。范德比尔特还鼓动说，威斯汀豪斯是个自私自利的家伙，不管别人死活，既无视普通人的安全（他声称空气制动器有缺陷，会带来危险），也不顾大批工人会失业。

威斯汀豪斯提出了反驳，解释说他的系统会创造就业机会，但他的声音盖不过范德比尔特恶意的诬陷。对威斯汀豪斯来说，道德的重量不亚于发明，范德比尔特不道德的行径引得乔治发誓，自己在职业生涯中决不能如此下作。

　　对战以"太平洋快车"发生重大悲剧性脱轨告终，这辆火车是范德比尔特的王牌车。事故为年仅 22 岁的威斯汀豪斯打开了成功大门，1869 年 4 月 13 日，他收到了首个空气制动器专利，声名鹊起，赚得盆满钵满。

　　但乔治并没有满足于已然功能齐全的制动器，而是不断完善，让它变得更安全。不久之后，西屋空气制动公司于匹兹堡成立，乔治和他的团队不断加以修改和完善，使空气制动器逐渐变成自动空气制动器，并于 1872 年获得专利。接下来的几年，威斯汀豪斯调整自己的发明，稳步改进产品。随着越来越多的火车采用空气制动器，不仅铁轨上行驶更加安全，威斯汀豪斯的业务自然也蒸蒸日上。

　　不到十年，1881 年秋天，世界上大多数机车都安装和使用了空气制动器。威斯汀豪斯只有 35 岁，却凭借良好的职业道德和对细节的关注赢得了合作伙伴的尊重，也赢得了好雇主的名声——为工人定期提供晚餐，感恩节赠送火鸡发奖金。他信守了对自己的诺言，周末放假，还引入了"计件工作"

的概念，即根据工人做的工作而不是固定工资来计算报酬，员工可以通过增加产量赚取更多收入。

乔治·威斯汀豪斯的重要发明大部分灵感都源自阅读。就像杂志引发了空气制动器的念头，威斯汀豪斯阅读了《工程》杂志中一个关于伦敦交流电系统展览的文章，再次发现了机遇，文章提到一种二次发电机（后来被称为变压器）是大范围通过不同电压为电子设备供电的关键。

威斯汀豪斯想起自己有名叫吉多·潘塔莱奥尼的员工，因父亲去世现在在意大利。他给潘塔莱奥尼发了一封电报，让他去追查这台二次发电机的发明者，潘塔莱奥尼很快就找到了那两个人：吕西安·高拉德和约翰·吉布斯。尽管潘塔莱奥尼的初步报告并不太看好，但威斯汀豪斯没有怎么犹豫就买下了美国地区的专利使用权，然后一台变压器和一台准备使用交流电运行弧光照明灯的发电机被安排运送过来。

1885 年 11 月，高拉德和吉布斯的员工雷金纳德·贝尔菲尔德带着一个装有高拉德–吉布斯交流变压器的板条箱来到匹兹堡。可想而知机器几乎用不了了，起初吉多·潘塔莱奥尼甚至想把变压器和不满一起打包寄回意大利。不过威斯汀豪斯有个想法。虽然他们手里的变压器不是崭新的，但一台需要修理的变压器更方便他们从里到外地了解机器。他与贝尔菲尔德一起拆解并设计组装出一个以 H 形铁板为核心的全新机器。这个决定——留下破烂的变压器并重新设计它——造出了我们现代使用的变压器，不但能接收远距离输送的高压电，还降低了功率，保障了安全用电。

1886 年 1 月 8 日，乔治·威斯汀豪斯注册西屋电气公司正式进入电力业务。公司自成立之初内部就一直流传着反对的声音，认为交流电没有前途，纯粹是在浪费时间，而且危险性太高。

威斯汀豪斯坚持研发交流电，他笃定交流电将彻底改变电这一领域。他的做法与通过极力吆喝来获得公众关注的托马斯·爱迪生完全相反，威斯汀豪斯没有向世界宣告自己掌握了一个足以改变世界的电力系统，而是把最初的实验捂得严严实实。

他的打算是让公司首席电器师威廉·斯坦利在他的家乡马萨诸塞州大巴灵顿推广交流电系统，原因有两个：一、斯坦利是最了解交流电和变压器工作原理的人之一；二、斯坦利在大巴灵顿有自己的实验室。斯坦利正在使用一种新型交流电系统的事几乎没有媒体的报道，也没有公开声明和公共推广，不过每天都有越来越多的客户加入。一个月的时间，交流电获得了市民们的认同，尽管还存在瑕疵，但变压器广受欢迎，时机已经成熟。

威斯汀豪斯知道，他需要用一个舞台拉开序幕，就像爱迪生在曼哈顿的褐石大楼。位于布法罗市中心、高达四层的亚当-梅尔德伦-安德森百货商店是完美的选择。

1886 年 11 月 27 日，亚当-梅尔德伦-安德森百货宣布将为大众展出许多有用的物品，还有西屋系统运营的 498 盏斯坦利灯。广告中写道："快来布法罗第一家采用白炽灯照明的商业公司，参观十九世纪最伟大的发明吧。"

我们把视线转回纽约，托马斯·爱迪生很愤怒。虽然他对着记者调侃说让他们"转告威斯汀豪斯还是去搞空气制动器吧"，但爱迪生明白，一场需要全力以赴的战争打响了。乔治·威斯汀豪斯的这一步只是闪电，雷声随后就会炸响。毕竟，对方可是乔治·威斯汀豪斯——那个小时候为了达到目的用头撞墙的家伙。爱迪生和他的直流电支持者知道，这个人不会投降只有战死。

10 狂犬病发作的动物与温顺的森林小鹿

乔治·威斯汀豪斯进入电力领域给托马斯·爱迪生造成了一连串的困境，导致爱迪生陷入职业生涯中最艰难的几年时光。

1887 年开始，西屋公司的交流电系统开始与爱迪生抢夺蛋糕，攻城略地。尽管爱迪生一口咬定"不管多小的电器，只要安装进威斯汀豪斯的交流电系统，6 个月之内客户肯定会死"，但西屋公司的客户没有人员伤亡。等到年底，西屋电气公司有 68 个中心发电站对外签订了合同。雪上加霜的是，作为爱迪生的主要竞争对手，以生产弧光照明而闻名的汤姆森－休斯顿电气公司与西屋电气达成合作，1887 年一年就安装了 22 台西屋变压器。总而言之，爱迪生电气公司 8 年的运营才建了 121 个中央发电站，而仅仅是 1887 年，西屋电气公司就达到了近 100 个。

还不到一年啊。

这些数字告诉爱迪生，乔治·威斯汀豪斯是自己商业版

97

图的头号威胁。

双方拉开差距的主要原因，也是西屋公司迅速发展和成功的一个重要因素，是爱迪生的直流电系统需要多个发电站，而交流电在城郊建立一个就够了。正如爱迪生的朋友、公关专家爱德华·约翰逊所说，"我们做不了小城镇的生意，甚至小规模的城市都无法取得太大进展"。直流电系统根本和美国小镇不适配。爱迪生对约翰逊的警告充耳不闻。

公司下面出现了各种讨论，一些长期合作的同事也告诉爱迪生应该立即更换系统。弗朗西斯·厄普顿是门洛帕克的元老，也是爱迪生信赖的员工，他参与过匈牙利 ZBD 交流电系统[①]的研究，向爱迪生强烈请求购买该系统的美国专利使用权。爱迪生确实如他所说购买了专利，但根本不考虑实际运用。

他的购买更像是一种策略，目的是防止可能出现的竞争对手使用 ZBD 系统。1887 年 10 月，爱迪生和爱迪生电气公司的高层态度坚定地对外发表声明，称生产和销售交流电是一个不明智的商业决策。正如该公司在 1887 年的年度报告中所说，交流电在商业上"本身没有价值"，就其安全性而言，交流电的高压"对生命和财产的破坏是众所周知的"。爱

----

①机器以发明家卡罗伊·齐佩诺夫斯基（Károly Zipernowsky）、奥托·布拉西（Ottó Bláthy）和米克萨·德里（Miksa Déri）的名字命名。

迪生电气公司认为，交流电不稳定的特性会让它不攻自破，一切只是时间问题。爱迪生电气需要做的就是挺过最初的攻击，等待对手自取灭亡。爱迪生本人向执行董事会报告说，"（西屋公司）无法与我们竞争，也不能对我们造成任何永久的伤害，求稳为上，采取保守政策，我们将赢得这场战斗。"

交流电并不是 1887 年爱迪生遇到的唯一难题。欧洲商人雅辛托斯·斯皮兰垄断了铜制品，黄铜的价格也在不停地攻击直流电系统。到 1887 年年底，凭借对市场的牢牢把握，斯皮兰将黄铜价格从每磅 10 美分一路提高到 17 美分。

归根结底，还是要怪直流电系统的局限性和缺陷。多个发电站和每条电流需要多根电线，铜是必不可少的。相比之下，交流电需要的电线数量是直流电的三分之一。爱迪生电气的利润早已被西屋公司交流电的初期攻势而榨干，现在由于系统对铜线的依赖，所剩无几的利润变得更加微薄。爱迪生任由这位欧洲铜王宰割，而对方似乎除了多赚钱之外什么都不在乎。

1887 年 11 月，阿尔弗雷德·P. 索斯威克写信给爱迪生，要求他务必找到电力处决犯人的方法，爱迪生迅速拒绝参与其中，明确表示不赞成死刑。但托马斯·爱迪生也曾经说过，"没有竞争就没有发明"，他知道自己卷入了一场战斗。他要做的是等待机会扭转局势。也许这个索斯威克的邀约可以改变战场的风向。

1887 年 12 月，爱迪生的态度来了个一百八十度大转弯，他写信给索斯威克说，人道的行刑方式可以"通过电力来实现，对应的设备是采用间歇电流的发电机，其中最有效的叫'交流电机器'"。为了将主要竞争对手与死刑直接联系起来，爱迪生在信中提到，这类机器最知名的制造商是乔治·威斯汀豪斯。他明确写道："这些机器的电流通过人体，即使是最轻微的接触，也会导致瞬间死亡。"

就这样，风向变了。利用公开宣传交流电是处决手段，使爱迪生重新控制了局面，他确信 1888 年将与 1887 年完全不同。

现在，有阿尔弗雷德·P. 索斯威克帮忙推动交流电和处决手段的绑定，爱迪生决定对西屋电气发起主动进攻。毕竟索斯威克和他的团队需要一些时间才能打通法律渠道，时机到了索斯威克自然会发出信号，而他也已经发现了敌军的一个漏洞。

爱迪生电气制作了一本 84 页的册子，血红色的封面上是赫然加粗的标题：爱迪生电气公司警告！爱迪生要让交流电系统变成人类的电瘟疫。该书由爱迪生电气公司里的名人撰写，由公司总裁爱德华·约翰逊汇编，分发对象是记者，以及正在决定使用哪种系统的各照明设备公司高管。

翻开册子，5 项"警告"进一步加深了封面的警告效果，比如交流电灯泡专利侵权的"警告 1"，还有交流电已知和未知危险的"警告 4"。册子里自然还要强调爱迪生电气坚持认为公众需要远离这种致命的系统。

托马斯·爱迪生利用自己在电力科学领域最受尊敬的影响力，直接警告普通人交流电——即乔治·威斯汀豪斯采用的电力系统具有潜在危险。他在红色册子里写道："真相就是，任何采用高压的系统，也就是 500 至 2000 个单位的电，都会危及生命。"事实证明，若是将交流电引发的火灾详细列个清单就可以发现，高电流很有可能将一座建筑物变成人间地狱。然后，他生动地描述了美国各地报道的因交流电导致的诸多死亡事件，每一桩都是致命的、骇人的。同时，爱迪生明确表示："在任何爱迪生发电机输出的电流中，都不会对生命、健康和人身构成危险……甚至发电机自身的两极也可以用手直接抓住，不会对人体产生丝毫影响。交流电是野外的狂犬病动物，而直流电是森林中温驯的小鹿。"

爱迪生还毫不犹豫地敦促"所有相信电力未来的电器师""团结起来，进行一场消灭廉价电力的生死之战"。他们有责任倡导正确使用电力也就是直流电，同时必须取缔西屋电气的有害电力系统。

与此同时，1888年的春天不仅迎来了自然界的万物复苏，科学领域也迎来了尼古拉·特斯拉。这位塞尔维亚天才提交了大量与交流电有关的专利申请，引起热议纷纷。特斯拉参加了公开展会，受到科学界媒体的首肯和赞誉，但爱迪生并不关心这位新冒头的科学家。诚然，他在很短的时间内获得了大约四十项专利。不过爱迪生与他有过密切的接触。爱迪生认为，特斯拉的头脑很敏锐是不假，但在商业运作方面不必将他放在心上。

1888年7月，特斯拉与乔治·威斯汀豪斯合作，威胁爱迪生要打出几记重炮，准备让战斗变成一边倒的局势。

11 他们死于电线

　　白色的"塔楼"映入眼帘。一夜之间，这些有的两层楼高的"塔楼"在曼哈顿市中心出现了。纽约市市民陷入沉睡，大自然母亲一直在忙碌，雪花叠雪花，形成一堆堆白色的"塔楼"，其中一些已经逼近上方密密麻麻的电线网。

　　就在两天前，气温还很温和，10℃的暖意让早春成为纽约居民口中的话题。气势汹汹的北极冷风从加拿大一路向南肆虐，与来自南部部分地区的强大墨西哥湾气流碰撞。3 月 11 日，气温迅速骤降，并伴随着一场猛烈的降雨。3 月 12 日，午夜钟声敲响，气温骤降，降水变成了冻雨和雨夹雪。不久之后，风速攀升到每小时近 60 英里，雨夹雪变成了呼啸的大雪。

　　虽然暴风雪——后来被称为"白色大飓风"——最严重的时候大多数人在睡觉，但等太阳出来，所有出行方式都关闭了通道，高耸的积雪接替暴雨，继续困住了想要出行的人们。这些倒霉蛋要么被好心人用梯子绳索救出，要么不幸丧生。

1888 年暴风雪导致政府下令将纽约市所有电线埋进地下

暴风雪带来的另一个问题是雨雪和强风对架空电线的影响。比如曼哈顿，断裂的电话和电报线令人们失去了与外界的联系。低温加上厚重的积雪和大风更是进一步造成破坏，残破的电线散落在附近的白雪堆上。接下来的几天里，所有公共交通都停运了，后来产生了一种想法和讨论，也许有必要开发一种地下出行方式。不到十年后，主要城市开设了地铁。

诸如《纽约时报》等主要出版物发表了大量报道和社论，抨击高压电线随意在城市几乎每一平方英寸上空铺设。"纽约很容易陷入黑暗和随之而来的危险之中。"《纽约时报》总结道，并敦促——像许多其他报纸一样——所有高压电线都被埋进地下。《泰晤士报》和许多其他期刊都关注电线的弊端，但这并不新鲜，因为自 1887 年年底以来，电线和随之而来的麻烦一直是社会讨论的主要话题，爱迪生电气公司的许多红皮书不停地散发、传播，而且当然是免费赠送的。

新一波关于交流系统的负面报道对乔治·威斯汀豪斯的事业自然没有帮助。不幸的是，对于西屋公司来说，这仅仅是个开始。

摩西·斯特雷弗沿着东百老汇大街向凯瑟琳街走去，好好享受着好转的天气，寒冷的暴风雪已经是一个月前的事了。他是个小贩，在附近一个摊位卖纽扣、梳子和其他小饰品。

这位 15 岁的罗马尼亚移民注意到手边垂着一根晃来晃去的电线，往上看，断裂的电线连着高高的雪松柱子，他伸手一把抓住了电线。太阳西垂，最后一点日光几近泯灭，弧光灯的人造光线洒向街道，与最后一抹微弱的阳光混合在一起。

后来有目击者说，摩西一握住电线，立即围着柱子跳来跳去，好像在玩什么有趣的游戏。一阵火花猛地吞没他的身体，游戏停止了，男孩的生命也停止了。一眨眼，他倒在地上，失去了生气。

摩西死了。

报纸上的文章和社论确认了男孩死亡的事实，加大力度恳求移除人们头顶上危险的电线。美国照明公司受到指控，因为他们工作的疏忽，导致松动的电线结束了男孩的生命。

对于布鲁希电气公司的工人来说，今天是相当漫长的一天。他们花了很久一直在剪除休斯顿西街上空坏掉的电线。一队维修工正在处理一项艰巨的任务，清除二楼檐口的死线，其中一个挂在檐口上，他叫托马斯·H. 默里。

"我看到窗户里烟雾弥漫，还听见一阵噼噼啪啪的声音。"大楼内工作的一名员工后来回忆说。烟雾出现后不久，同事们发现默里死在一根切开了一半的电线旁边，断开的绝缘材料部位火苗欢快地跳跃着。默里没有戴橡胶手套，他用生命为失误付出了代价。

大伙想抓住他从檐口拉下来，结果电流也把他们电了个不轻。他们找了好几片橡胶裹住默里的尸体，才小心翼翼地把他放下来。报纸报道了这个悲惨的事故，各地普通公民对交流电的担忧更加浓重了。

哈罗德·皮特尼·布朗是一个没有名气的电气工程师，他展开《纽约晚报》，目光从显眼的大鼻子和蓬蓬的海豹胡上滑过，迅速地从左到右移动，嘴角带着微笑，报纸刊登了他在 5 月 24 日写的文章。

文中写道："可怜的男孩斯特雷弗于 4 月 15 日在东百老汇触碰了一根散落的电线，当场死亡，惨剧接二连三地发生，维特先生倒在鲍威里街 200 号门口，5 月 11 日，托马斯·H. 默里死在百老汇 616 号，随时可能增加新的受害者。"布朗边读边点头。他抬起一只手，用食指捋了捋头发。"如果电流是'危险的'，那么用该死形容'交流'电流一点儿都不为过。"

布朗仔细地去读对绝缘有漏洞的电线的评论："在电气人口中，这类电线有个恰当的称呼，'殡仪馆的电线'，由它造成的频繁死亡证明了名字的合理性。"

他跳到最后，文章结尾呼吁，为了挽救人类生命，必须禁止使用超过 300 伏的交流电，否则与西·施特雷弗、弗雷德·维特（4 月 28 日因触摸电灯而死亡）和托马斯·H. 默里相同的悲剧还会上演。布朗文章前面曾表示，"如果这三个人的死能够影响到和以下内容类似的法律法规的通过和执行，他们就不算白白丢了性命"。布朗满意地回看了他提议的法规条例，读到同一电路上最多限制 50 盏灯时，他点了点头，最后一条是户外弧光灯电路必须有防水覆盖物，并"不得使用高于 300 伏的交流电"。

合上报纸，哈罗德·P. 布朗咧嘴一笑。他的观点至少得到了一家媒体的认可，《纽约晚报》的老板是亨利·维拉德，世事难料，未来他有一天会出任爱迪生电气公司的总裁。

仅仅几天后，哈罗德·P. 布朗受邀参加 6 月 8 日的纽约市电气控制委员会会议，在会上，他的文章将被逐字逐句地宣读，写进了委员会的会议记录中，然后分送到各大电气公司和知名电气师手中，其中也包括乔治·威斯汀豪斯。

就在布朗的文章在电气控制委员会上宣读的前一天，乔治·威斯汀豪斯也在奋笔疾书，这是一封写给托马斯·爱迪生的信。信中威斯汀豪斯提出要见一面，像成年人一样交谈，也许会达成休战协议。5 天后，托马斯·爱迪生做出回应，他用一句简短的话拒绝了威斯汀豪斯的邀请："我所有的时间都被实验室占满了。"紧接着，爱迪生和他的公司连续几个礼拜不遗余力地向媒体表示乔治·威斯汀豪斯在之前的交流电测试结果上撒了谎。

看来和平解决是不可能的了，威斯汀豪斯知道自己必须回击，但他坚持只用与交流电有关的事实做武器，他的策略是阐明迄今为止他的系统展现出的成功和安全。接下来在 7

月 16 日举行的纽约市电气控制委员会会议上，威斯汀豪斯向董事会提交了一封信，信中写道，他与汤姆森－休斯顿公司在两年里共同建立了 127 个中央发电站，而他在匹兹堡的工厂是"世界上最大的白炽灯照明供电站"。到底安不安全，让数字自己说话。

他的 127 个电站没有一个发生过火灾，而 125 个直流电站不少都出现了火灾，其中 3 次完全烧毁了发电站。至于托马斯·爱迪生声势浩大的诽谤，威斯汀豪斯表示，对于对方"比我见过的所有竞争对手都更不磊落、更不可信和更不真实的攻击"，自己感到十分讶异。

很明显，文字攻击和舆论行动只会导致硝烟味更浓。双方都知道：这是战争。而一切才刚刚开始。

托马斯·爱迪生抓住了舆论，让其他人出面向乔治·威斯汀豪斯发起攻击。他无须用自己的面孔和名字和对手搏斗，命运把哈罗德·P. 布朗交给了他，这是一个天生的斗士，他直截了当地说交流电"该死"。爱迪生意识到他甚至不需要自己去诋毁自己，脏活留给布朗就好了。

1888 年 6 月下旬，电气师们和爱迪生电气董事会要求哈罗德·P. 布朗用实验证明自己的主张，而同年 7 月初，布朗在托马斯·爱迪生的西奥兰治实验室里做着相关实验。布朗后来说，是他联系的爱迪生，为的是借用一些实验设备来帮助他的实验，不过许多人声称恰恰相反，率先联络的是爱迪生。布朗说，"我完全没想到，爱迪生先生立刻邀请我到他的私人实验室做实验，那儿提供了各种必要的仪器设备。"

哈罗德·布朗在爱迪生的堪称顶配的实验室里做起了自己的实验，在那里他甚至得到了爱迪生手下亚瑟·肯纳利和爱迪生最信任的研究伙伴查尔斯·巴切勒的全力配合与协助。

7月底，布朗确信已经收集了足够的证据证明交流电是致命的，他有十足的把握。邀请函飞向所有电气控制委员会成员、所有电气公司的代表、电气联合会的要员和新闻界，布朗在哥伦比亚学院如期接待了七十多位客人。他要在会上证明自己的论断。

在座的都是有头有脸的人物，哈罗德·布朗将笔直的身子又挺了挺。

现在，每个人都看着他，每个人都知道他的名字，每个人都认识他的长相了。他抬起手掌，抚摸自己溜光的头发。

"我不代表任何公司，也不代表任何商业和利益。"他睁大眼睛严肃地说。布朗一边讲解交流电和直流电之间的根本区别，同时与在场的许多电气师进行了眼神交流，仿佛在说："我的朋友们，我知道你们不想听这些。我只是得向外行人详细说明这些差异。"

布朗捕捉到几张不感兴趣的表情的脸，迅速走到房间中间，在一个大木笼旁边站定，只见栅栏之间缠绕着铜线。"过去的几个礼拜，我通过反复的实验证明，生命能够承受强度更大的连续电流。"布朗说着把手放到他身旁的笼子上。

观众席上人头攒动，记者们用眼神向电气师示意：什么意思？对方耸耸肩，挠挠头，他们也不明白。布朗转身离开，过了一会儿，他手里牵着一只黑色的高大猎犬回来了。布朗拽着皮带，把狗拉到笼门口，强行塞进去。只见布朗砰的一声关上铁门，上了锁。观众发出叹息，喊喊喳喳的人声把紧张的气氛笼在上空，所有人都在好奇这个人想做什么。

布朗没有让他们猜下去，他大声宣布，这只狗重达 76磅①，身体健康，没有攻击倾向。说完布朗向房间一侧的两名男子亚瑟·肯纳利和弗雷德里克·彼得森博士点了点头，他们匆忙走上前，将狗在笼子里绑好，同时把正负电极连接到它的右前腿和左后腿上。

布朗喊：300 伏特电流。亚瑟·肯纳利拔下开关，转动表盘，狗在笼子里左右摇晃。观众席上方的喋喋不休化为沉默，众人瞪大了眼睛。

---

① 1 磅 = 0.454 千克。

布朗下达了 400 伏特的命令，然后是 700 伏特。

爪子摩擦的声音在房间里回荡，狗挣扎着发出呜呜声。它挣脱了捆绑，布朗的"科学家"团队不得不打开笼子，重新系好带子。越来越多的人对眼前的残忍景象表示不满。

布朗喊出 1000 伏特，所有的呜呜声和挣扎都停止了，可怜的大家伙四爪紧握，淌着鼻涕，像飓风中的树叶一样颤抖。一些人实在看不下去，冲出了房间，剩下的人则恳求布朗发发慈悲。

哈罗德·布朗示意肯纳利停下。

布朗狡黠地笑着说："现在我们尝试交流电，相信它不必如此痛苦了。"

在肯纳利和彼得森的协助下，布朗将狗和笼子连接到西门子兄弟公司的交流发电机上。

布朗走到离笼子几英尺远的地方，肯纳利用眼神询问地看着他，布朗下令，300 伏特，肯纳利遵照命令设置好电流，打开。狗倒在笼子里稍微左右晃了晃，倒下了。

死透了。

布朗再次露出满意的微笑，示意肯纳利关闭电流。

在场的美国爱护动物协会会员汉金森站出来，要求布朗不能继续在其他动物身上进行实验。

观众纷纷从大厅拥出。一些人表示演示残酷得惹人厌恶，但另一些人则认为，虽然最后是交流电杀死了狗，但直流电漫长的折磨大大削弱了狗的生命力。

自鸣得意的布朗向各执一词的观众保证，他在过去一个月里还对许多其他狗进行了实验，交流电的"反复无常"是导致狗迅速死亡的罪魁祸首。后来有人发现，布朗召集了附近的男孩搜罗流浪狗，每只狗的赏金为 25 美分。在放大家走之前，布朗宣布了数据，实验中大部分狗的死亡阈值是交流电 300 伏特和直流电的 1000 多伏特，并且宣告了他的结论："唯一应该使用交流电的地方是流浪狗收容所、屠宰场和州监狱。"

哈罗德·P. 布朗环顾四周，这次观众席坐得更满了，但话又说回来，这一次他的邀请对象更有针对性，包括大多数同行、几位电气领域的专家、部分公众健康官员和自发前来的记者。

"当今所有医生都认同，狗比人的生命力更顽强，因此，能杀死狗的电流对人来说肯定是致命的。"布朗身旁的 3 个笼子里已经关押着狗。

无须多言，布朗先选择 1 号笼子的狗，它重达 61 磅，300 伏特的交流电很快结果了它。没有挣扎，没有呻吟，没有叫嚷，没有混乱。仅仅几秒钟的时间，一只死狗展现在大家面前。

2号笼子里面关着一只91磅的纽芬兰犬。

8秒钟，干净利落的处决。

布朗对目前的结果感到满意，微笑着走向最后的3号笼子，一只53磅重的狗。布朗的笑容很快消失了，这只狗持续了长达4分钟的痛苦、呜咽和挣扎，然后永远翻倒了肚皮。

哈罗德·P. 布朗恢复了笑容，展开演讲，然后向来宾们告别。

托马斯·爱迪生最近的好事不止一桩，在阿尔弗雷德·P. 索斯威克的推动下，纽约州立法机关正式将电刑指定为新的死刑方式。

州立法机关新成立了一个部门，向了解电力致命性质的人征求建议。委员会任命弗雷德里克·彼得森博士为主席。彼得森是爱迪生的手下之一，也曾两次协助布朗在哥伦比亚学院进行展示。

布朗和彼得森再度合作，欣然接受了托马斯·爱迪生的慷慨提议，在对方的西奥兰治实验室继续他们的"研究"：用电杀死生物的最优方式。不久，11月15日，在委员会的一次总结会议上，彼得森博士面对其他委员强调，两种电流都足以致命，但交流电是更可取、更推荐的选择。

该委员会宣布将在下次会议也就是 12 月 12 日正式做出决定。为了确保胜利，哈罗德·P. 布朗又组织了公开演示，使人们百分百清楚地知道交流电是唯一的行刑选择。

　　布朗知道他需要怎么做：展示大型动物对交流电的反应。

　　这次的与会人员包括记者、爱迪生电气的员工，医学法律协会的医生，以及新成立的格里委员会（"死亡委员会"）的两名成员阿尔弗雷德·P. 索斯威克和埃尔布里奇·T. 格里。哈罗德·P. 布朗开门见山，表示了解大型动物对交流电的反应是一个"非常重要的问题"。

　　在此次备受尊敬和推崇的听众群体中，有一个人的存在十分扎眼，他的到场也提升了本次演示演讲的影响力，这个人就是托马斯·爱迪生。在此之前，爱迪生只是为布朗提供实验的地方和器材，对布朗的动物研究他始终保持沉默。但此刻他出现在众目睽睽之下，凭一己之力就让布朗的权威性剧增，到场的记者们更加尊重地看着布朗，格里委员会成员和医学法律协会的医生也是如此。

　　布朗首先展示了一头小牛，只用了 30 秒这只小牛就被处死了。随后是一头更大的小牛，最后牵来了一匹马。

　　第二天，《纽约时报》宣布，西奥兰治实验室的实验证明，交流电是"科学上已知最致命的力量，而无须达到交流电系统在这座城市用于电照明的电压（1500—2000 伏特）的一半，便足以导致人立即死亡"。托马斯·爱迪生实现了他的愿望，现在盖棺论定了，交流电是"死亡电流"；直流电是向公众供电的安全模式，比现在等同于死亡的交流电更加安全可靠。

几天后，医学法律协会正式通过了"交流电死亡"，并列出了如何对罪犯施用交流电的建议。爱迪生十分快活地把"刽子手电流"添加到交流电的诸多"昵称"中，更过分的是，爱迪生甚至建议大伙将电刑处决称为"被威斯汀豪斯了"。

哈罗德·P. 布朗断言，他已经毫无疑问地证明了 300 伏的交流电对人类是致命的。作为反击，乔治·威斯汀豪斯告诉纽约多家报社，"有大量被 1000 伏的交流电击中但毫发无伤的人存在"。最后，他以公司的名义宣告："对于这些不符合科学和公众安全利益的实验，我们坚决表示控诉。"

虽然他阵营中的部分人希望他对诽谤以牙还牙，其中包括公司聘请的报社记者欧内斯特·H. 海因里希斯，但被威斯汀豪斯拒绝了。当被问及为什么他不像爱迪生一样耍肮脏手段时，威斯汀豪斯表示，他早已学会了"不要去学他人的招数"。威斯汀豪斯告诉海因里希斯，"我们最终会结交更多的朋友，而不是把自己的底线拉低到和他们一个水平。"

然而，哈罗德·P. 布朗并不信奉威斯汀豪斯的做法，他认为对方的沉默只是对交流电致命性避而不谈。类似老西部电影里的戏剧性一幕出现了，布朗向威斯汀豪斯发起了一场电流决斗："我挑战电气权威专家威斯汀豪斯先生，他用身体承受交流电击，而我是连续的直流电。"决斗邀请出现在多家媒体上，布朗非常详细地解释了他的提议，明确表示他完全是认真的。"我们将从 100 伏开始，然后每次增加 50 伏，直到其中一方哭着公开承认自己是错的。"

作为电气专家，威斯汀豪斯从未回应过这个用电流决斗的提议。每当有人在公开场合提起，他都不发表任何评论。

威斯汀豪斯公开反对用电处刑罪犯，但它已被视为最人道的处决方法。一切已无法挽回，更不用提负责制造电力杀人机器（也就是后来的电椅）的团队关键成员就是哈罗德·P. 布朗。

现在唯一的问题是，谁会是第一个被判处电刑死刑的人？让我们回到本书开篇时的威廉·凯姆勒。

12 惊　骇

门外的脚步有节奏敲在地上，声音越来越近。弗兰克·菲什站起来，伸出一只手，另一只手拿着他的班卓琴，琴的边缘磨损，琴身明显泛黄。它应该有年头了，并且因为经常使用而污迹斑斑，但它却充当了菲什和他的狱友威廉·凯姆勒的娱乐。刚过去的几个小时里，为了消磨时间，两人一直在演唱《我的肯塔基老家》和其他歌曲。

那天傍晚，霍顿牧师和耶茨牧师过来宣读了凯姆勒的最后仪式。即使凯姆勒曾经扬言他"准备好去死了"，此时他也忍不住心生胆怯。菲什拿出他的班卓琴，用音乐抚慰了他的痛苦。

脚步声戛然而止。铁闩发出咔嗒声，狱警丹尼尔·麦克诺顿一把推开牢房门，向凯姆勒点了点头。凯姆勒握住菲什的手，然后对守卫点了点头。麦克诺顿是他的主要看守员，之前麦克诺顿给他朗读过《悲惨世界》。

菲什说："鼓着勇气别泄劲，凯姆勒，很快就结束了。过段时间我就去找你了。"他也被判了死刑，不过一年后被改判为终身监禁。凯姆勒和菲什握了握手。"我不会掉链子的，我还不到时候呢。和真的最后那一下比，现在的滋味也好不到哪去。"

两名死囚放开了彼此的手，菲什一个人留在牢房里，班卓琴在他身侧晃动。

威廉·凯姆勒辗转难眠，于是坐起来在纸片上签自己的名字——他的签名现在非常抢手，能卖个好价钱。他想报答过去几个月对他表示过善意的人，尤其是典狱长的妻子格特鲁德·德斯顿，是她教他如何写自己的名字。凯姆勒从未学习过读和写，他对自己的签名感到自豪。凯姆勒签完了所有的纸，躺下，静静闭上了眼睛。

13 以致死亡

1890 年 8 月 6 日，凌晨 5 点 50 分，典狱长查尔斯·德斯顿带着威廉·凯姆勒进入迎接死神的房间时，27 名见证人（其中 2 名是精心挑选的记者）在里面围成一个拱形半圆。一名见证人说，被定罪的凶手是一个"面容英俊、肩膀宽阔的小个子男人"。直到清晨 6 点 51 分，他们宣布他死亡，过程极其残忍。

大门打开，见证者们一拥而出。伊利县治安官奥利弗·詹金斯眼中含着泪水离开了房间。

6 点 52 分，一连串咔哒声在纽约中央火车站街对面破破烂烂的电报中心里响起，记者们将消息传送到世界各地。

阿尔弗雷德·P. 索斯威克没有试图完成他在大约十五分钟前开了个头的胜利演讲。他们的攻击以惨败告终。尽管法律限制媒体报道处决的细节，但索斯威克知道消息会像火苗一样传播开来。

电椅和交流电都将被视为故障严重损害他和爱迪生的公众声誉。

燎原的大火将会把他们辛苦创造的一切吞噬，牙医出身的刽子手阿尔弗雷德·P. 索斯威克只能寄希望于托马斯·爱迪生可以扑灭星星火苗。

14 凯姆勒之火

在现代，打开社交媒体，我们可以看到即时新闻和评论，我们不需要等待媒体收集事实、撰写报告、打印文章、人力分发报纸。在十九世纪末，新闻的传播速度要慢得多。但凯姆勒的电刑惨剧像碰到风的干草上的火苗，几个小时后就出现在了每一份主流报纸上，随后的几天更是引起了各方的连锁反应。

首先乔治·威斯汀豪斯发表声明，表示可以想象现场的惨象，公开指责，"这太残酷了"。我们无法确定他的"残酷"是指处决这件事，还是他和爱迪生之间你来我往的战斗，也许两者兼而有之。

与其他人不同，尼古拉·特斯拉没有立即发表评论。在和威斯汀豪斯合作一年后，特斯拉决定离开匹兹堡的实验室。特斯拉仍然支持和尊重乔治·威斯汀豪斯，他只是不再与西屋团队合作。记者试图联系他时，怎么也找不到他。直到大约四十年后，特斯拉才评论说，电刑的想法是错误的，因为"在这种情况下，一个人虽然完全失去了对时间流逝的感知，但仍然保持着敏锐的痛感，一分钟的痛苦相当于永恒的痛苦。"

哈罗德·布朗在凯姆勒电刑事件后消失了。对，你没有看错，写出辛辣的攻讦文章、用动物做电刑实验、提出用电流决斗的哈罗德·P. 布朗销声匿迹了。这是美国历史上最神秘的失踪案之一。布朗仿佛一个幽灵，突然出现，给爱迪生运送了反击交流电的火药，然后隐入历史的尘埃。

1889 年初，爱迪生公司财政日益紧缩，投资人 J. P. 摩根和安东尼·J. 德雷克塞尔提议将爱迪生电气公司与德雷克塞尔-摩根公司合并。1889 年 4 月 24 日，爱迪生通用电气公司成立。

铜那边也传来好消息，1889 年，雅辛托斯·斯皮兰意识到自己误判了电力世界的团结，他把铜的价格抬到天上，结果电力公司的负责人干脆集体不下订单，最后铜的价格下降了。

1889 年，旷日持久的灯泡专利案子告一段落，布拉德利法官宣布了对爱迪生有利的裁定。美国巡回法院判定这些灯泡"专利盗版者"的所有模仿都要感谢最初的设计人：托马斯·爱迪生。

1890 年乔治·威斯汀豪斯的生意同样在蓬勃发展。

即使交流电和电椅被深度绑定，在凯姆勒事件后西屋电气步入了几个月的辉煌。同年 10 月，马里兰州巴尔的摩市购买了一套支持 6000 盏灯的交流电系统，这是当时历史上最大的交流电系统之一。另一个订单是纽约南部和内布拉斯加州制作购买了 1500 盏灯。就像多米诺骨牌一样，大订单接踵而至。

1890 年年底，西屋电气公司的年销售额高达 400 万美元。

俗话说，花无百日红，1890 年年末就是再典型不过的例子了，当时英国伦敦经济崩溃，美国国内岌岌可危。

1890 年 11 月中旬有传言称，世界上最负盛名、总部位于伦敦的巴林兄弟公司正在申请破产。传言源自巴林兄弟对阿根廷的高风险投资，因为阿根廷本身也正在经历经济衰退。尽管各个知名银行组成的财团创建了基金，为巴林的债务提供担保，但这一事件在美国影响巨大，所有头部投资者和债权人开始回收贷款。

反过来，爱迪生通用电气和西屋电气在巴林兄弟事件里受到影响，不得不冒险采取激烈行动来挽救各自的生计。爱迪生电气总裁亨利·维拉德对世界经济状况门儿清，他知道爱迪生的资本主要来源——北美银行已经倒闭。维拉德很快与汤姆森-休斯顿的查尔斯·科芬讨论了合并的可能，后者也同时期接洽了西屋电气的合并案。可是爱迪生坚决不同意合并。

1891 年 2 月，爱迪生向自己的头号投资人 J. P. 摩根求助，摩根站在爱迪生一边。"我看不到这两种事物（爱迪生电气和汤姆森－休斯顿）结合在一起的可能性。"摩根一锤定音。

进入 1892 年，爱迪生电气董事会敦促托马斯·爱迪生考虑改用交流电。

爱迪生是一头倔强的骡子，无论维拉德和其他人如何试图说服他，他都不会让步。

1892 年 2 月 5 日，托马斯·爱迪生的私人秘书阿尔弗雷德·O. 泰特告诉老板，合并势在必行。泰特后来在他的回忆录中说，"他的肤色天生很白，是健康的白，可听到我说的消息后，变得像他的衣领一样惨白。"

最终，合并后爱迪生控制的股份甚至比汤姆森－休斯顿公司还要少。托马斯·爱迪生损失惨重，只持有爱迪生通用电气 10% 的股份，被公司边缘化了。爱迪生声称他已经厌倦了这个研究方向，不能"在电灯问题上浪费时间"，因为他"有更多的新材料可以考虑"。爱迪生不仅失去了对公司的控制权，公司也失去了爱迪生的名字，爱迪生通用电气简化为通用电气。

乔治·威斯汀豪斯也未能幸免。巴林兄弟的传言首次出现时，他立即坐下来计算数字，得出结论，他需要五十万美元来偿还债权人并保留西屋电气的名字。威斯汀豪斯与股东商谈，希望筹集所需的资金，但巨大的恐慌远远超过五十万的数字。他的员工们敬重他，聚集在一起，提出在危机结束前只领一半的薪水。威斯汀豪斯既感动又自豪地拒绝了这一提议。

下一步是呼吁求助家乡匹兹堡的成功银行家们。威斯汀豪斯向银行委员会表示自愿抵押他名下的豪宅，以显示自己能挺过危机的信心。委员会同意审查他的提案。

12月10日，西屋电气董事会同意通过创建和出售优先股筹集所需的五十万美元。一大批商人和银行提供了不同数量的资金，并以高价交易股票。一切似乎都很顺利，直到一位下作的银行家想乘人之危，联合其他人夺取公司运营控制权。威斯汀豪斯听了，说，这不可能，然后他站起来，冲着那群有钱的人笑了笑，讲了个笑话，感谢他们给予机会和时间，离开了。这是他的公司。这永远不会改变，至少在他还活着的时候不会。

1891年，威斯汀豪斯继续四处求助。他找到了华尔街投资公司的奥格斯特·贝尔蒙特，两人一拍即合，商议了一个能解燃眉之急的计划，包括出售一大笔股票，让现有股东以远低于市场的价格上交 40% 的股票，然后把新的优先股支付给贪婪的债权人。这个办法可行，但有一项阻碍，因为根据条款，西屋公司必须消除"可疑价值和专利的账面价值"。所以主要问题变成了尼古拉·特斯拉的专利使用费，这笔交易每年从该公司吸走巨额资金。

尼古拉·特斯拉和威斯汀豪斯的关系一直没有断，并且尽可能地为西屋电气提供技术指导，但一年多前他就已经离开匹兹堡实验室了。他先是去了欧洲，会见了许多科学领域的专家，然后回到纽约，在第五大道上建了一个新的实验室，涉足各种方向的电子实验。与西屋公司的交易使他过上了基本上不缺吃穿、随心花销的生活。

1891 年年初，乔治·威斯汀豪斯参观了特斯拉的实验室，最后分享了有关公司的财务危机。他向特斯拉询问了终止他的交流电专利合同并放弃他现在和未来特许权使用费的可能性。

特斯拉问，如果他拒绝会发生什么，威斯汀豪斯表示他将失去对公司的控制权，西屋公司不再是他的公司。

"如果我放弃合同，"特斯拉说，"你能拯救公司，保留控制权吗？你会继续你的计划，把我的多相系统传播给全世界吗？"

西屋公司点了点头，告诉这位塞尔维亚天才，即使自己失去了对公司的控制权，他也会继续推广多相系统。"我相信你的多相系统是电力领域最伟大的发明。无论发生什么，我都打算继续执行最初的计划，将美国建设成一个交流电国家。"

尼古拉·特斯拉权衡了自身经济收益的价值与交流电系统的发展和利用，他毫不迟疑地说："对于我，多相系统给文明带来的光明比我个人的钱财更重要。"

特斯拉站起来，对他的朋友咧嘴一笑。他举起两份文件。"这是你的合同，这是我的合同，我把它们都撕成碎片，你就不会再因为我的专利税遇到麻烦了。"

尼古拉·特斯拉放弃了一大笔财富，只希望看到愿景成为现实。

1891 年 7 月，特斯拉的合同不再是问题，一个新的董事会成立了，乔治·威斯汀豪斯负责运营管理。他做到了。

15 世界瞩目的舞台

在镀金时代，世界开始更频繁的交流。电报的改进和电话的出现使人们能够进行远距离通信，新闻业随之蓬勃。邮政和铁路系统使物品更方便地交付和流通。但即使有了这些新的创新，十九世纪末的世界也与今天完全不同，普通人想要即时与全球各地的其他人建立联系，简直是天方夜谭。

世界博览会，顾名思义，就是将来自不同国家的人和物汇聚在一起的一个全球盛会，每隔几年举行一次，这一传统归功于法国人，他们经常举办国际性展览，参会各国必须展览与特定主题相关的最佳展品，例如 1844 年在巴黎举行的工业展览会，主题就是最激动人心的工业和技术发展。

1893 年，新的一届世界博览会即将在美国举办，各国政要将在伊利诺伊州的芝加哥参加世界博览会。当然，由于电力是当时最前沿的科学，发明家和商人们都知道，获得博览会的供电权将是自家系统最好的广告。

于是西屋电气和通用电气、交流电和直流电的决战号角吹响了。

厚重的长桌上放着一个铁匣子，所有人的目光都牢牢粘在盒子上。它是黑的，表面被磨得暗淡无光，周身没有标记和装饰。它看上去只是一个大点的匣子，如此朴素，如此不起眼，似乎里面装的东西也不会有什么价值。但事实远非如此，铁匣子里面是 1893 年芝加哥世界博览会照明和供电的投标结果，通用电气和西屋电气，究竟鹿死谁手？

众人的眼睛专注地盯着钥匙上的锯齿，浓厚的雪茄烟雾吞没了视线中握着钥匙的手。钥匙入锁，转动，咔嗒，烟雾和寂静凝固了。

寂静。

两只手，是所有人此刻唯一在乎的事，一只手握住匣子的侧面，另一只手缓缓抬起铰链，将其打开。

一个低沉的声音宣布有两个投标。

满屋子全神贯注的眼睛跟随着那两只手，探入匣子，然后带着两个小信封重新出现。

紧张的议论和喃喃打破了寂静。

低沉的声音——那双手的主人，芝加哥世界博览会的工程总监丹尼尔·H. 伯纳姆宣布，第一个标来自通用电气。这位中年男子环顾房间，环视屏气的人群，报出标价，通用电气出价 554000 美元。

紧张的议论再次爆发，伴随着几声克制的短笑，因为和不到两个月前通用电气自己的第一个价相比，这次出价算不上什么。然而，当时不存在激烈竞争，眼前的情况发生了变化。

伯纳姆展开另一个信封，表示里面是西屋电气的投标。只见他微微一笑，宣布西屋公司出价 399000 美元，并宣布最终结果，合同已授予西屋公司。

通用电气的副总裁尤金·格里芬噌地站起来。他握紧拳头，高扬着下巴提醒伯纳姆别忘了一件重要的事：爱迪生灯泡专利诉讼。众所周知，通用电气肯定会用禁令挟制西屋电气。格里芬直接戳破了窗户纸，一旦案件判决下来，通用电气将不再向西屋电气出售灯泡，所以将合同授予西屋电气是不明智的。

不少人声色俱厉地大声支持格里芬，他们语气很冲，使劲摇头，双手疯狂挥动。乔治·威斯汀豪斯和他的朋友查尔斯·特里交流了一下眼神。威斯汀豪斯点点头，心中并不吃惊，老对手，老把戏了。特里也回以点头。他们都知道西屋公司提出了一个诱人的低价，这个报价几乎没有利润。但这个价格可以让委员会无法拒绝，可以获得比经济利润更有价值的东西的机会——他们的电气系统将被所有人看到。不仅仅是电气界的人，也不仅仅是美国的人，而是来自世界各地的人们。这种宣传和曝光是用钱买不来的。

现场闹得不可开交，芝加哥世界博览会大会工作人员说，大会还需时间讨论，下次再宣布结果。

不到两个月前，1892 年 4 月 2 日，同一个铁匣子、同一个项目，同样也是两家公司已经投过一轮标了。一个是查尔斯·科芬——通用电气新总裁的 1720000 美元，而另一个是芝加哥一位名叫查尔斯·F. 洛克斯特德的小商人，他代表南方机械和金属厂提交了相形见绌的 625600 美元的报价。

仅从数字上看，洛克斯特德的出价明显优于通用电气的天文数字，但查尔斯·洛克斯特德在电气领域只能算无名小卒，没人相信他真的可以完成这样的事业。

当时，恰好乔治·威斯汀豪斯为争取保留对公司的控制权奋斗了一年多，这是他没有参与竞争的主要原因。就在威斯汀豪斯为了保卫业务忙得不可开交，成立西屋电气与制造公司时，世界博览会的投标已经提交完毕。

通用电气的查尔斯·科芬知道西屋公司错过了竞争博览会的窗口期——或者他是这么认为的。再加上灯泡专利的大获全胜，于是他干脆狮子大开口。1891 年 10 月，世博会官员与芝加哥爱迪生公司商讨现场使用的弧光灯时，双方确定了每盏弧光灯 11 美元，仅仅过了 6 个月，科芬和通用电气已经将价格提到 38.5 美元。查尔斯·F. 洛克斯特德嗅到了机会，迅速与乔治·威斯汀豪斯联系，商讨合作事宜。这是威斯汀豪斯的第二次机会——一扇新的机会之窗打开了。

西屋电气与洛克斯特德合作后，世博会主席哈洛·希金博瑟姆决定重新招标，重走了一遍流程，这才导致了第二次铁匣子投标。

乔治·威斯汀豪斯来到自己的椅子前，将黑色雨伞放在身边。他张开手掌，抚平深色的正装，确保自己得体。他低头凝视着那张桌子，一切看起来几乎和一个礼拜前一模一样。

不过，这一次少了吸引所有人注意力的铁匣子。

威斯汀豪斯坐下来，用眼神对周遭的朋友们打一声招呼。他向朋友查尔斯·特里点了点头，就像一个礼拜前一样。现在是时候听听判决了。

芝加哥世界博览会工程总监丹尼尔·伯纳姆发表讲话：经过适当考虑，他们决定将合同授予西屋电气公司。但是，伯纳姆很快补充说，他们打算将合同一分为二。

乔治·威斯汀豪斯摇头反对：不，那不行。他提出了最低的价，那么他的"一流设备"应该承担全部工作。他的手指摸着标志性羊排胡须，表明自己的态度，西屋电气应该得到整个合同。

伯纳姆的目光从一个委员会成员转到另一个委员会成员身上。他们都无言以对。

通用电气的格里芬得意地笑了笑，再次提起了灯泡专利诉讼。伯纳姆和委员会成员们再次转移到另一个房间密谈，不久，他们出来了，向乔治·威斯汀豪斯提出一个直接而沉重的问题：考虑到灯泡隐患，他和西屋电气公司愿意拿出一百万美元的保证金做担保吗？

威斯汀豪斯毫不犹豫地点了点头，并解释说，他们已经朝着不再依赖爱迪生和通用电气灯泡的方向发展。他看上去不见丝毫焦虑，好像为了赚 50 万美元先交 100 万美元的保证金的人不是他。

伯纳姆和委员会成员们又进去密谈，直到晚上 7∶30 才回来。伯纳姆宣布西屋公司获得了合同，说着，他张开手臂走近威斯汀豪斯。双方握手，微笑，随后签署了合同。

格里芬和通用电气代表气得夺门而出，临走之前，格里芬撂下狠话，西屋公司"无法制造灯泡……他的合同迟早要泡汤"。

所有人的目光都落到乔治·威斯汀豪斯的身上。西屋公司的老板表示，他们已经解决了灯泡问题，他没有详细说明，而是转向在场的新闻界人士："我将投入 10 到 12 台每台能为 12000 盏灯发电的发电机，并提供优秀的一流供电系统。我可以交付 100000 盏灯，这些要么已经完成，要么部分完成，不会有任何困难。我需要做的，只是在 10 月 1 日之前安装 5000—10000 盏灯。任务很简单。"

但威斯汀豪斯心知肚明，任务并不简单。他已经斩获了这份珍贵的合同，但现在他必须为一个全新的电气操作系统设计机器，并发明一个不侵犯爱迪生专利的新灯泡，以上这些还都得在短短一年内完成。

"多久可以做好 4 个？"这是乔治·威斯汀豪斯向他的首席绘图员 E. S. 麦克莱兰提出的问题。前一天，他刚乘坐格伦阿尔号从芝加哥返回匹兹堡，与他的团队分享了一个消息：他们将负责芝加哥世界博览会的照明和供电，而距离芝加哥世界博览会举办还有不到一年的时间。他要求团队设计一台 1200 制动马力的发动机，转速每分钟 200，每平方英寸①的压力 150 磅，并带有飞溅式润滑。还有一点，它必须适应有限的空间。

接受任务 24 小时后，麦克莱兰和他的团队用草图设计出一台符合规格的发动机。为了适应空间限制，他们决定制成垂直向引擎。

---

① 1 英寸 = 0.0254 米。

威斯汀豪斯的问题并不仅是一个问题，而是一个交给团队必须保质保量完成的重大任务。

时间进入 1892 年夏天，1893 年世界博览会的筹备工作正在火热进行。近 7000 名工人在芝加哥六百英亩的沼泽上建起富丽堂皇的展会厅。乔治·威斯汀豪斯正在努力完成一项挑战：用交流电照明和运行博览会。

然而，交流电机械并不是发明清单上的全部内容。不，乔治·威斯汀豪斯还必须做好准备，如果无法争取爱迪生灯泡的专利，则意味着他需要设计和制造超过 92000 个尚不存在的灯泡。

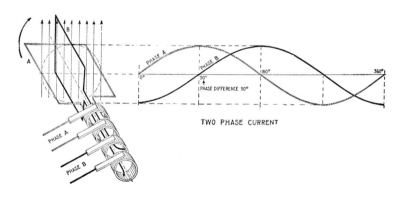

Phase A：相 A
Phase B：相 B
Two phase current：双相电流
Phase Difference 90°：相差 90°
Two-phase alternating current：双相交流电

其实灯泡的研究不是白纸一张，此前威斯汀豪斯已经深入研究了旧专利，并开始琢磨索耶-曼的"塞子"灯，这种灯采用两件式设计，威斯汀豪斯认为它与爱迪生的一体式灯泡区别很大。他从发明家威廉·索耶和阿尔本·曼那里购买了专利，获得了制造和销售该设计的专有使用权。但投入生产前，他必须修改原有设计，让灯可以实际使用。几个月的实验经历了部分突破，最后以失败告终。然而在整个过程中，西屋团队从错误中吸取了教训，并不断取得进步。

到 1892 年年底，西屋公司做出了具有实用性的灯，基本可以达到批量生产的要求。该设计包括一个铁和玻璃做的"塞子"，塞子大小要合适，能严丝合缝地塞进玻璃泡里，使其可以打开，并在灯丝烧坏后进行更换。

1892 年 10 月 4 日，法院确认对爱迪生灯泡专利维持原裁决，一个月后，联邦法院裁定西屋公司不得继续生产爱迪生式电灯，12 月 15 日，上诉被驳回，达成终审。灯泡之战尘埃落定。

但电流之战仍在继续。

对于乔治·威斯汀豪斯来说，灯泡裁决败诉仅仅意味着他的"塞子"灯必须成功，他迅速决定将宾夕法尼亚州阿勒格尼的西屋空气制动公司的一部分改造成玻璃和灯泡工厂，以应对大规模生产新灯泡的需求。

通用电气的代表继续试图阻止西屋电气，他们提交了最后的限制令，声称这种新设计也侵犯了爱迪生的专利，希望法院禁止生产索耶-曼的"塞子"灯泡。

威斯汀豪斯让律师出席了听证会并做好了准备，1893年的新年，最终裁决下来了，索耶-曼的"塞子"专利确实是独一无二的，不存在侵权行为。

法庭不再是威斯汀豪斯厮杀的战场，剩下的任务是大规模生产100000个灯泡，同时设计并实际制造交流电机器，使其功率达到原本机器功率的十倍。乔治·威斯汀豪斯需要帮助。

1893年年初，尼古拉·特斯拉成了阿勒格尼工厂的常客，特斯拉和威斯汀豪斯在信任和尊重基础上再次建立舒适的合作研究关系，决定"将两个单相交流发电机并排放置，电枢绕组交错90°"，以实现特斯拉的两相交流设计。如果成功，这个设计很快将会出现在所有特斯拉感应电机上，每台机器都能够为30000多盏"塞子"灯供电。

1893年1月刊的《电气工程师》杂志介绍了12台几近完成的立式发电机，它们运行着1000马力①的发动机，每台发动机重达75吨。文章的结论是，这种立式发电机将"成为有史以来博览会上最大的操作机械展品，也可能是博览会上

———————————
① 1马力≈735瓦特。

138

使用最广泛的展品"。

作为保险，西屋公司决定每台发电机都有自己的备用发电机，以确保世界博览会不会出现意外的停电。总而言之，一切电力系统都将由 2000 马力的阿利斯－查默斯发动机提供动力，燃料只选择石油，避免煤炭带来的烟雾污垢。西屋公司上上下下从冬天忙到春天，逢山开路，遇水搭桥。终于啊终于，一台台机器和全部灯泡在开幕前几个礼拜运送到芝加哥的展览场地。他们完成了所有交付，东西就在电线里面。

可他们的任务并不是简单地在那里安装交流电机器，最终目标是成功地为博览会提供照明和供电。只有达成这项成绩，乔治·威斯汀豪斯才能在这场关键的战役中取得绝对胜利。

总统格罗弗·克利夫兰总统衣着低调，以免在这个场合引起所有注意，他笔挺地站着，手悬在一个发报键盘上，键盘是金子和象牙做的，在展会上吸引了不少目光。头顶上方，在清晨突然明亮起来的日光金灿灿的，大楼的金色穹顶向四面八方挥洒着斑点和阳光碎片，仿佛是被光芒四射的光晕簇拥着。

克利夫兰慢慢落下手指，围观的人群屏息凝气，哒，他的食指尖碰到电报键，寂静立马被响亮的天使般的合唱团歌声取代，电流载着声音，在大厅里四处流转。兴奋和惊奇的嗡嗡声在观众中荡漾开来。

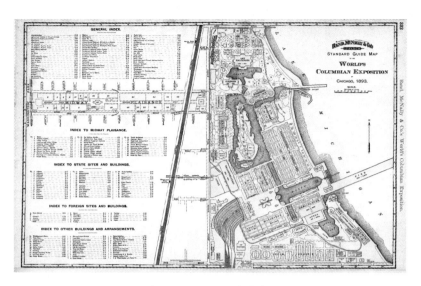

1893 年哥伦比亚世界博览会地图，
这场展会被认为是交流电对阵直流电的战争的"世界系列赛"之一

几百英尺外的机械大厅，西屋电气的工程师和工人们同样沉默地等待着，接着爆发出震天响的喝彩声。

他们证明了真理。

2000 马力的阿利斯−查默斯发动机涌动着电力，瞬间将电力泵入西屋发电机的动脉。发电机们接收到电力，并通过电线静脉向游乐场周围的各个方向传播。

又叫"白色之城"的荣誉广场中的三个喷泉射向空中，这是给西屋电气工程师和展会观众发出的信号——博览会现在已经用交流电供上了电。

1893 年哥伦比亚世界博览会机械大厅里的西屋发电机

1893 年哥伦比亚世界博览会的荣誉广场

在荣誉广场上，在金色穹顶大厅的舞台上，还有机械大厅里，欢呼声、鼓掌声和呐喊声，与船笛、炮火、雾号和钟声和谐地混合在一起，汇聚到广阔的盆地上空一波波地震荡。"共和国雕像"举起双手站在那里——右手举着一个地球仪，顶部站着一只展翅的雄鹰，左手握着一根手杖，最上方月桂树枝环绕的牌匾上刻有"自由"一词。

开幕日的寒潮和雨水天气不仅第二天没走，还流连了一个礼拜。恶劣的天气，加上各个参观点的延迟开放，并没有影响人们的热情。在博览会全程六个月的时间里，来自世界各地的超过 2700 万游客每人支付了 50 美分的入场费。

他们见识了很多新奇的发明，有乔治·华盛顿摩天轮，高 250 英尺，36 节轿厢以相等的距离依次排开。然后是市内高架轨道，方便人们从一个地方快速穿梭到另一个地方。第一条沿着码头可以漫步 3000 英尺的自动人行道，以及利比玻璃公司的各种机器。杰克逊公园还有电动厨房，向公众介绍了不少最先进的设备，每一台仪器都由西屋电气及其高效安全的交流电系统供电。

是的，在场的一切全凭曾经被哈罗德·P. 布朗费尽心思拆除的交流电系统，公众眼里的"刽子手电流"。现在，参加博览会的人目睹了这种电力系统的安全性和高效，公众对交流电的看法已经改变。随着时间的流逝，随着可持续供电的保障以及长时间无事故发生的记录，人们开始将交流电视为一种无害的、全能的、可以为全世界供电的方法。

但面对成功，乔治·威斯汀豪斯和他的团队丝毫不惊讶，因为他们已经预先绞尽脑汁来确保活动完美无缺，现在的结果只是预想的实现。事实上，尽管灯泡的委托生产数量只有92000 个，为了确保灯永远不会熄灭——甚至丝毫变暗——西屋公司带来了 250000 个灯泡。每天灯泡的实际使用数量是 180000 个，剩下 70000 多个全新的灯泡做备用。乔治·威斯汀豪斯对可能出现的问题进行了周密的计划。例如许多灯泡被烧坏了。西屋公司雇用了一支工人团队，他们唯一的工作就是在园区里跑来跑去，在必要时及时运送和更换灯泡。

在为整个园区规划供电的电线和电缆铺排时，威斯汀豪斯和伯纳姆明智地决定把它们全都埋进一个宽阔的地铁式隧道系统中，如此，可以安全地查看和修复有故障的电线。

场地周围有 1560 个检查井，方便就近检查。地下隧道也不让公众看到与危险联系在一起的电线，免得他们心生恐惧。

1893 年世界博览会上出现了许多全新的发明，这些发明最终成为未来美国的标志性主打产品，包括拉链、糖浆爆米花花生、箭牌的多汁水果口香糖、喷漆、洗碗机和杰米玛阿姨煎饼。与1889年巴黎举行的上一届世界博览会相比，1893年的哥伦比亚博览会使用了 3000 马力的发动机，输出了高达29000马力的功率。事实上，《评之评论》得出结论，"世界博览会可能是全球电气师眼中最完美的理想之城。"

然而夜晚的芝加哥世界博览更加令人欣喜若狂。灯火通明，宛如白昼，越来越多的人口口相传，夜游竟比白天要震撼得多！

1893 年哥伦比亚世界博览会的行政大楼，大楼完全由交流电供电和照明

每天傍晚，天空逐渐暗淡，人群变得寂静无声，人们睁大了眼睛翘首以待。欸——金色穹顶的行政大楼像一朵着火的蘑菇，电流像在跑比赛，争先恐后地点亮广场周围的白色建筑，建筑周身布满了灯泡，像无声的烟花一样一个接一个地亮起又熄灭。数以千计的蓝色弧光灯排列在人行道两侧，船只在夜间闪烁明灭，摇晃着的灯影为灯光盛宴增添了别样的色彩。然后是覆盖着 3000 盏灯的摩天轮，在夜空的映照下慢慢旋转，就像月亮被火焰吞没落在地球上。

　　最高的建筑顶上，四盏巨大的探照灯将不同颜色的灯光照射到黑漆漆的天空中。绿色、红色、白色和蓝色的光柱在空中跳舞，时而变幻色彩，引得观众哇哇地叫着。还不够，每天晚上，当五颜六色的探照灯灯光秀表演完毕后，一切再次归于黑暗。瞬间，从明亮坠入……

　　黑暗。

　　观众的注意力转向黑下来的盆地，那里是麦马尼喷泉矗立的地方。突然人群闪过一阵惊叹，原来是"巨大的电动喷泉喷射出闪闪发光的水"。不同线条、形状和颜色汇聚在喷洒的水中，令人肃然起敬。运营的第一个月，随着几乎每天都有新的景点渐次开放，人们纷纷拥向博览会，见证白色之城的力量。每天晚上九点三十分，博览会闭幕，人们脸上都带

1893 年哥伦比亚世界博览会的电力大楼

着微笑离开，眼睛难以置信地大睁着。

但是，一个月后，博览会真正吸引人的地方才开放：电力大楼。

1893 年 6 月 1 日，倾盆大雨如注，人们拥向新开业的电力大楼，都想一睹未来技术的面貌。

入口处本杰明·富兰克林的巨大雕像欢迎大家的光临，他穿着全套殖民时期的服装，手里拿着颇具历史意义的风筝。

大楼内部，三万个灯泡照亮了三英亩①的展厅，参观者不得不适应一会儿过于明亮的光线。大厅周围的二楼阳台上挂满了旗帜和仪式彩旗，五颜六色的帷幔以温馨的方式捕捉着光线。

一旦眼睛适应了，人们立马迫不及待地从一个展览冲到另一个展览。

尽管 1893 年的世界博览会由乔治·威斯汀豪斯的交流电供电，但查尔斯·科芬让电力大楼里摆满了爱迪生的所有发明，比如一根八十英尺高的圆柱上便挂满了数百个爱迪生灯具。柱子顶部是一个八英尺高、半吨重的爱迪生灯泡，灯光穿过大约五千个小棱片，仿佛一颗巨大而璀璨的钻石。

大厅里的灯光随着播放音乐的节奏和时间而变幻闪烁，仿佛柱子也在扭着身体与音乐互动。通用电气还故意给威斯汀豪斯找不痛快，柱子下方摆放了七卷七千页完整的电灯泡说明书，供每个经过的人在闲暇时阅读。

查尔斯·科芬和通用电气用爱迪生的名字来提醒参观者通用电气的存在，因为即使爱迪生的名字已从公司名称中删除，但每个人仍然将托马斯·爱迪生与通用电气品牌联系在一起。

---

① 1 英亩 = 4046.86 平方米。

托马斯·爱迪生的电影放映机也得到了展示。

在电影放映机的屏幕上，英国首相威廉·格莱斯顿在下议院发表演讲。当时的主要发明家都在电力大楼的主楼层展示他们的最新发现，吸引了大批兴致勃勃的参观者。而发明家观众最喜欢去的是尼古拉·特斯拉的展台。

特斯拉/西屋公司的交流电系统模型覆盖了一张长桌。普通的男男女女看都不看一眼地走过，电气师和发明家们却停下脚步，研究着桌上展示的错综复杂的细节，仿佛正在通过时光机凝视未来的场景。

1893 年哥伦比亚世界博览会展示的特斯拉交流电模型

不过尼古拉·特斯拉的表演特别火热。首先，他那塞尔维亚移民的服装就给人留下了深刻的印象。有时，他拿起一个鸵鸟大小的铜蛋，周围环绕着一串较小的铜蛋，充当行星，模拟了银河系。观众们满脸惊叹，使劲鼓掌。

还没完呢！尼古拉·特斯拉又走进一个黑暗的房间，入口外有一个噼啪作响的"威斯汀豪斯"标志。雷声在黑暗的房间里轰隆隆地响起，两块包着锡箔纸的橡胶悬挂在特斯拉头顶，橡胶之间约十五英尺，用作电路端子。通电时，房间周围的空灯泡和管子亮起。这些灯泡没有连接到电线上，似乎也没有连接到端子上，但它们同样在照明。在暗室的各个区域，亮起的玻璃管组成了著名电气师们的名字，这是特斯拉向他尊敬的同行致敬。当然，不包括托马斯·爱迪生。

这两项成为博览会的常规观赏项目，每个看过的人都满意而归。但其实大家真正想看的，是神话般的传说——了不起的尼古拉·特斯拉让电流通过身体而不受伤害。这是他几年前在巴黎做过的表演，有消息说他打算在博览会上再次上演。

一千多名电气工程师和科学家以及许多普通观众挤进了农业大楼的大会堂。今天是万众瞩目的一天。终于，尼古拉·特斯拉即将通过自己的身体传递二十五万伏特的电流。

尼古拉·特斯拉向热切的围观人群致意。他站在一个平台上，身着一件定做的四扣棕色西装。在他的两侧是安装在钢基座上的重型钢制小圆柱，每个圆柱下方都有一个绝缘的木制底座。特斯拉身体一侧摆放了一张木桌，上面各种小电器堆得像个小山。

特斯拉先是开玩笑说自己身体虚弱不适宜做试验，又介绍"机械和电气振荡器"。他详细介绍了振荡器是怎样传输信息或者说电能的，并且他可以利用振荡器在各种物体间产生振动。然后他解释说，他设计的蒸汽振荡器非常小，可以放进圆顶礼帽中。

百闻不如一见，是时候让观众感受下震撼了。

特斯拉动作迅捷地让物体发光、冒出火花，好像燃烧着电的火苗，他点亮了不同大小和形状的原始荧光灯。台下的观众欣喜若狂。

随着一声巨响，一团震荡的光吞没了特斯拉，这些光在他的身体周围一波又一波地传递。特斯拉被白色的火焰包围。光线消退了，特斯拉在火花光晕中站了几分钟。

公众不知道，其实尼古拉·特斯拉一直没有靠近危险。他了解电学，而这些知识使他安全无虞。从振荡器流出的交流电没有穿过他的身体，而是在他瘦削的身体外缘传导。他的内脏器官比如心脏和肺，受到了科学的保护。

最后几颗火花像煎锅上的油点一样在地板上跳舞，直到终于消失，全程没有人动。

突然，观众们跳起来，扯着嗓子叫好，手都要拍烂了。

尼古拉·特斯拉优雅鞠躬，咧嘴一笑。舞台是他的，他拥有舞台。

10 月 30 日博览会闭幕，威斯汀豪斯的利润不到两万美元，但对交流电和西屋电气公司六个月的宣传是无价的。在展览之前，交流电对普通公民来说是一个陌生事物，想到它，总是第一时间联想到死亡。现在，随着展会进入尾声，交流电和西屋电气都受到了主流社会的欢迎，就像值得信赖的朋友。

乔治·威斯汀豪斯和交流电，彻底赢得了公众的青睐。

16 此消，彼长

　　1893 年哥伦比亚世界博览会是威斯汀豪斯、特斯拉和交流电取得重大胜利的战场，但战争就是除非一方投降或再也站不起来才算结束。直流电和通用电气没有下场厮杀，胳膊腿都还在，诚然，通用电气和直流电已经跟跄受伤，但他们还有一战之力。

　　最后的肉搏发生在美国和加拿大的一条地理边界线上——尼亚加拉大瀑布。

　　十几岁的尼古拉·特斯拉在书中看到过尼亚加拉瀑布，叹为观止的同时许下誓言，要让奔涌不息的瀑布持续推动巨大的轮子，为自己所用。现在他决定让梦想成真。

　　这场战斗实际上早在几年前就开始了，1886 年，当时伊利运河工程师托马斯·埃弗谢德得知尼亚加拉保留地后，产生了一个宏伟的想法，保留地受到纽约州政府一系列的命令和限制保护，禁止在其中四百英亩的国有土地上开通任何人造水道。埃弗谢德反复考虑，突然想到一个好点子：通过在瀑布上方一英里处建立运河水车动力系统，拦截瀑布的自然力量，避开保护限制区域。这个计划被取名为尼亚加拉计划。

简单来说，他计划将尼亚加拉河的水改道到一条运河中，再让运河汇入一个由两百个水车组成的复杂磨坊。水从河流进运河，穿过车轮后，被送入尼亚加拉镇地下深处的一条长长的尾水隧洞。

尼亚加拉计划需要巨额资金。有些人甚至会开玩笑说——尽管这可能并不夸张——实现项目所需的资金远远超过了尼亚加拉瀑布本身的效益。

托马斯·埃弗谢德组建了一个拉投资的团队，但很难找到能够拿得出这笔资金的有钱人。他们找到纽约律师威廉·兰金帮忙，他有许多知名商人朋友。

兰金立马联系投资人，但前几个都不愿投入所需资金。不过埃弗谢德找兰金是真找对了，他毫不气馁，决定去说动 J. P. 摩根投钱。作为一名投资者，他曾投资过许多行业里响当当的公司和企业，包括托马斯·爱迪生和通用电气。摩根是投资圈子的头号人物，有他参与其中，不怕没人跟投。

一开始摩根很感兴趣，但是和兰金见完面之后便犹豫了，兰金想不通，摩根直截了当地说，这个计划和细节他喜欢，可是没有好的人选，如果能说服爱德华·迪恩·亚当斯领导这个项目，他就有足够的信心进行投资。1889 年年底，亚当斯接受了邀请，摩根大方地掏了钱，其他 102 名投资者也跟着投入了 2630000 美元，大瀑布建筑公司正式成立。

为了更好地规划和建造整个项目，亚当斯请来了经验丰富的费城机械工程师科尔曼·塞勒斯。此外，亚当斯还聘请了苏格兰数学家威廉·汤姆森爵士来领导新成立的国际尼亚加拉委员会，任务是确定利用瀑布力量的最佳和最有效方法。

虽然使用尾水隧洞的方案很快一致通过，但委员会成员内部就如何使瀑布发挥最佳电力出现了争论。其中直流电或交流电哪个系统更好同样存在分歧。

1890 年初秋，汤姆森和国际尼亚加拉委员会邀请来自世界各地的工程师提交一揽子解决方案。他们宣传说，会为提案颁发"奖品"，最高金额为三千美元。

在提出了 14 项提案后，乔治·威斯汀豪斯坚决拒绝在没有任何实际动力的情况下提供"免费"信息。

委员会在实际施工开始时仍在继续权衡各种方案。

先尝试尾水隧洞吧。1890 年 10 月 4 日，1300 名男子用炸药将地面炸塌，用镐和大锤凿碎岩石，架着骡车将岩石和砾石碎片运到货车上，将不需要的碎片从尾水隧洞运走。工作日复一日地昼夜不停地进行。项目开始几个月后，亚当斯和塞勒斯调整了计划，将尾水隧洞从最初确定的两英里半长度缩短到略高于一英里。

1891 年 12 月，亚当斯和塞勒斯收缩了计划，并要求六家最具实力的电气公司提供详细的投标计划，包括汤姆森-休斯顿、爱迪生通用电气和西屋电气。根据最初的提议，委员会知道了威斯汀豪斯的"免费信息"到底指向了什么：十台五千马力的涡轮机，放置在两个中央发电站的深处，每个发电站运行一台发电机，产生十万马力的有效载荷。该项目的规模世所仅见。六家电气公司都开始制订详细的计划，计划明年提交。

与此同时，亚当斯和兰金在尼亚加拉河沿岸买了两英里的土地，其中一千五百英亩用于建设数十家工厂，还有一块开发成著名建筑师斯坦福·怀特设计的艾克塔工人小镇。

尾水隧洞施工持续了两年，1892 年 12 月 20 日工程终于结束。他们修建了世界上最大的水隧道，为了巩固框架，隧道内铺设了六十万吨挖掘的岩石和一千六百万块砖。不幸的是，二十八人在过程中丧生。

同一时期，另一个水力项目在科罗拉多州特柳赖德的圣胡安山脉进行。金王矿井资金撑不住了，想要寻找廉价的能源，于是联系西屋电气，请求提供单相交流发电机，以利用该地区三百二十英尺高的瀑布动力。1892 年，特斯拉单相交流发电机和价值七百美元的铜线分布在三英里的崎岖地形上，一年为金王矿收获了三千伏特的电力，而且没有出现任何故障。乔治·威斯汀豪斯知道金王矿的成功增加了自己的砝码，于是他在 1892 年秋天告诉亚当斯西屋电气将提交标书。世界博览会的成败也必将受到亚当斯和塞勒斯的密切关注。

1892 年 12 月，西屋电气正式向大瀑布建筑公司提供了一套极尽详细的两相交流系统。不到一个月，通用电气提出了自己的计划，与西屋公司的惊人地相似，唯一明显的区别是通用电气提议使用三相交流电系统。

亚当斯和塞勒斯拿到四个提案，开始审查每个计划，并展开实验来测试有效性。1893 年 1 月 9 日，塞勒斯和约翰霍普金斯大学教授亨利·罗兰对西屋公司的交流发电机和变压器进行了测试。罗兰称赞了西屋电气机械的工艺、公司在交流电方面的丰富积累，以及西屋电气和尼古拉·特斯拉拥有所有关键的交流电专利这一事实。

科尔曼·塞勒斯在参观了一家通用电气工厂三相系统测试后得出结论，"我倾向于双相，因为它更简单，并且适应更广泛的用途领域。"

在对所有其他提案进行测试后，亚当斯谨慎地与对交流电了如指掌的电气天才尼古拉·特斯拉通信。在给亚当斯的回信中，特斯拉明确表示，他拥有几乎所有关键的交流电专利，这一点决不容许丁点儿的忽视和忽略。特斯拉直言不讳，表示重点考虑西屋电气的提议。最终，塞勒斯在长达二十五页的报告中得出结论，"我不知道在这个国家还有谁可以阻止特斯拉专利的所有者控制市场。没有一家外国公司能够保护大瀑布建筑公司免受专利诉讼的损失"。

1893 年 5 月初，随着博览会的开幕，乔治·威斯汀豪斯的注意力逐渐转移，尤其公司关于世界博览会和尼亚加拉计划的价格、劳动力成本以及细节蓝图和文件被盗了。西屋公司立即申请到搜查令，结果发现是西屋公司的一名绘图员以数千美元的价格将这些计划卖给了通用电气。绘图员被捕，通用电气也被指控，不过通用电气的代表声称他们只是想看看西屋电气是否侵权了他们的计划。

5 月 8 日，匹兹堡地区检察官以共谋指控提请大陪审团起诉通用电气，直接点名了查尔斯·科芬。科芬坚决否认与犯罪有任何牵连，最终他没被转为被告，事情不了了之。

5 月 11 日，也就是世博会开幕后不到两个礼拜，亚当斯和大瀑布建筑公司给四家提交计划的电力公司发送了一份一模一样的信函，通知不再需要所有四家公司的服务，因为他们已经任命了自己的电力顾问乔治·福布斯教授，他将设计一台发电机，为五千马力的水轮机提供动力。

世界博览会正开得如火如荼，乔治·威斯汀豪斯没有时间直接与亚当斯和塞勒斯探讨突然变卦的原因。1893 年夏天，威斯汀豪斯的大部分时间都在忙博览会，而福布斯则在研究大瀑布发电机设计。

1893 年 8 月 10 日，已被任命为尼亚加拉大瀑布电力公司总裁的科尔曼·塞勒斯宣布，福布斯教授设计出一种发电机和变压器，即将供工厂使用。然后塞勒斯和大瀑布公司居然再次邀请感兴趣的电力公司竞标制造和安装发电机组。

8 月 21 日，威斯汀豪斯提出需要先了解福布斯在撰写实用提案之前做了什么，于是他派一位顶级工程师刘易斯·史迪威前往尼亚加拉参观和检查福布斯的设计。没过多久，史迪威就得出结论，福布斯的设计存在难以修正的缺陷，看不出西屋公司或者任何公司建造这台机器的可行方法。

威斯汀豪斯和他的团队审查史迪威带回匹兹堡的福布斯的设计图纸，没多久威斯汀豪斯就给大瀑布公司传达了消息，"从机械角度上讲，设计的发电机想法不错"，但"在电气上是有致命缺陷的，如果按照设计建造"，他直截了当地解释说，它们"不可能工作"。

威斯汀豪斯补充说，福布斯计划的低频将导致灯光不停闪烁，而且功率太低，无法运行许多其他需要运行的电子设备。最后，超高的两万两千伏电压太高，绝缘问题无法处理，这会造成难以处理的麻烦。

威斯汀豪斯的报告，就像一个无法关闭的刺耳警报，响彻在科尔曼·塞勒斯和爱德华·迪恩·亚当斯脑海。亚当斯和塞勒斯很清楚，他们需要的全面、专业的知识，只有西屋电气和制造公司才能提供，更不用说专利了。如果详细的报告还不足以证明他们犯了错误，那么西屋电气交流电在世界博览会上的成功就是一个压倒性的证据。

世界博览会闭幕前三天，即 1893 年 10 月 27 日，乔治·威斯汀豪斯敲定了协议，签署了一份合同，负责尼亚加拉项目。电流之战他已经赢了。最后的冲锋已经打响，交流电和乔治·威斯汀豪斯是唯一剩下的战斗人员。

这也意味着特斯拉青少年时期利用尼亚加拉大瀑布发电的愿景即将实现。尼古拉·特斯拉因撕毁专利合同而损失了无数美元，但他知道，如果不这样做，他将永远无法看到他的作品充分发挥其潜力。塞尔维亚移民实现了他的美国梦。

1894 年对西屋电气与制造公司来说是繁忙的一年。电流战没了对手，唯一的战斗是内部优化，完善将在尼亚加拉大瀑布使用的机械和交流电系统。

福布斯教授被尼亚加拉大瀑布电力公司"解雇"，西屋公司明确表示，它和它的工程师对这个人的工作没有信心。在没有福布斯的情况下，西屋公司团队建造了两台五千马力的发电机，功率是世界博览会上发电机的五倍。这是一个全新的领域，但威斯汀豪斯和他的团队找到了自己的路。他们已经准备好迎接挑战。

1895 年 8 月 26 日，第一台尼亚加拉发电机在尼亚加拉大瀑布的亚当斯发电厂投入使用。不久之后，第二台发电机启动，向第一个商业客户匹兹堡还原电厂供电。

一切都在按照那位电气专家的希望进行。

1895 年 9 月 30 日，亚当斯接待了大瀑布建筑公司董事会的全明星阵容。包括爱德华·迪恩·亚当斯在内，董事会成员包括纽约房地产大亨、投资者和发明家约翰·雅各布·阿斯特等人，以及美国另外七位最著名的金融家。这些衣着考究、戴着圆顶礼帽、抽着雪茄的男人参观了亚当斯发电厂。

随着时间的流逝，其他人也受到尼亚加拉行动的双手欢迎，前来见证瀑布和电力的力量结合。发明家、科学家、电气工程师、名人——每个参观者都留下了深刻的印象，对这个令人敬畏的奇观充满敬意。

西屋电气胜利的象征——亚当斯发电厂

但有一个人收到了许多次邀请，却拒绝访问。是谁？交流电的发明者本人：尼古拉·特斯拉。早在 1892 年，特斯拉就被邀请参观尼亚加拉大瀑布和受他启发建立的工厂。

他为什么选择拒绝邀请？他从来不会公开回答这个问题，但也许他拒绝参观这个令人敬畏的奇观与坚持他那些遥不可及的梦想有关。对于特斯拉来说，他可能更愿意将尼亚加拉留在他的梦中，以免它被现实对人类幻想的毫不动摇的漠不关心所冲蚀。

特斯拉已经将访问推迟了五年多，直到现在，他来了。

尼古拉·特斯拉走下格伦阿尔号，对着眼前的情景摇了摇头，同行的有老朋友兼同事乔治·威斯汀豪斯，还有其他一些友好的面孔，如威廉·兰金、爱德华·迪恩·亚当斯、西屋公司律师兼朋友保罗·克拉瓦斯，以及十三岁的小小乔治·威斯汀豪斯。他们互相扯着交谈，每个人都要靠在另一个人身边大喊大叫。

特斯拉不知道他们在对彼此说什么。

轰鸣的壮观水流冲击在瀑布两侧，使人仿佛失去了听力，但他不介意。事实上，当他走近瀑布时，他很庆幸咆哮的水淹没了所有其他噪声。和他想象的一样。他眼睛一眨不眨地盯着前方，这到底是现实，还是他的想象？

也许两者兼而有之。

有什么东西扳住特斯拉的肩膀，让他转过身，是威廉·兰金，对方微笑着点了点头。爱德华·迪恩·亚当斯转过身来，示意大家跟上。

不久之后，这群人走近了一座雄伟的石灰岩建筑，上面满是窗户。

"1号发电站。"亚当斯在门口停下来时说。

尼古拉·特斯拉看着这座斯坦福·怀特设计的建筑，停了下来。他真的想看看里面是什么样吗，还是就让它留在他的脑海中？

特斯拉屏住呼吸进入大楼。没一会儿，他长出了一口气，庆幸自己进来了。特斯拉沿着发电机旁边特别设计的人行道漫步，仔细检查了他眼中的这件艺术品。那不是机械，是蒙娜丽莎。他向亚当斯提问，一次又一次地点头，承认这台强大机器的构造精湛。他们做得很好。

他们被带到一楼，查看其他交流电机械，然后乘坐豪华电梯下到轮坑，在那里倾听水冲过压力管道的声音。

一行人在参观了运河对岸的变压器大楼后，穿过一座石灰岩桥，威廉·兰金护送他们前往大瀑布酒店，从那儿可以俯瞰在美国的那侧瀑布。

他们早早地吃了一顿午饭，各家媒体都迫不及待地想与大佬们交谈，大部分问题都提给了尼古拉·特斯拉。

"这比我预想的还要好，"特斯拉继续补充说，"开发发电厂是电气科学未来发展的前景，更普遍的电力用途，是我的理想。它们是我长期以来所期望的目标，我以一种微不足道的方式努力为实现这一目标做出贡献。"

记者们难以置信地发问，这是否是特斯拉第一次来尼亚加拉大瀑布和工厂。

"是的，我是特意来看看的。"

对于尼古拉·特斯拉来说，这是漫长的一天。爱德华·迪恩·亚当斯告诉他，这次晚宴是为了庆祝一项不朽的成就——自去年 11 月 15 日以来，他成功地利用尼亚加拉大瀑布为纽约州布法罗市供电。特斯拉因此同意出席这次正式晚宴。

特斯拉以为会在尼亚加拉大瀑布短暂停留，然后参加一场晚宴，在那里说几句话然后就离开，但实际上却是一场从早到晚不间断的旅行和观光盛会。

尼古拉·特斯拉站起来，准备向热切的人群发表讲话。

特斯拉抿了抿薄唇，用鼻子深吸了一口气。他漆黑的眼睛与人群相撞，然后谦虚地表示，他觉得自己配不上他们授予他的荣誉。

众人微笑着摇了摇头，然后沉默着等待他继续说下去。

特斯拉敦促每个人不要让自己的行为仅仅受到物质动机的支配——即使他承认这是人类意志中不可避免的力量——而是"为了成功，为了实现目标的乐趣，为了可能因此给同胞带来的好处"。

人们为特斯拉的新颖观点鼓掌。他们知道，这是真诚的心声，不是其他人披在身上做作又多愁善感的外衣。了解特斯拉的人都知道，他的发明热情是由他对改善社会的渴望所驱使的。这不仅仅是特斯拉的理想，也是他的重要动力。毕竟，这个人已经放弃了一大笔富可敌国的财富。

尼古拉·特斯拉停顿了一下。他茫然地盯着前方，仿佛看到了一道闪光——某种并不真正存在的东西。然后，他用同样的茫然目光环顾四周，希望他们每个人都是"以获取和传播知识为主要目标和乐趣的人，远远高于世俗事物的人，他们的旗帜是精益求精"！

后记　风暴过后

尼亚加拉大瀑布的胜利标志着电力战争的结束。交流电和西屋-特斯拉阵营占据了至高无上的地位。与所有战争一样，这种影响在战斗停止后很长一段时间内仍然存在。

在电力战争结束后，尼亚加拉继续加强发电机研发建设，到二十世纪的头几年，全国五分之一的电力由尼亚加拉提供，自然奇迹变成了科学进步。

随着社会发展的不断累积，居民用电的需求日益缓慢增长，之所以缓慢，主要原因是电力成本对普通公民来说太高了。

在商业化大规模生产方面，电力提高生产力，带来巨额利润。工厂生产的商品越来越多，消费者的生活质量也得到提高。因此，二十世纪的头几十年，普通人生活水平逐渐提高。社会在繁荣，企业也在繁荣。

商业和整个社会的几乎每个方面都使用电力——交流电。就像水滴涌入尼亚加拉大瀑布一样，钱涌入了出售交流电的电力公司的银行账户。毫不夸张地说，称霸电力世界的斗争是一场管理未来世界的斗争。这些有远见的人——西屋公司、特斯拉和爱迪生公司——登高望远，了解赢得战争会带来什么。反过来，想要赢的欲望会使他们变得扭曲，因为这不仅仅是一场暂时的比赛，而且是一场持续获得丰厚回报的战斗。

都是这样的，除了尼古拉·特斯拉。

特斯拉撕毁了特许权使用费合同，这是一种牺牲，致使他在生命最后那几年身无分文，但这也是一种胜利，让交流电能够发挥其最终潜力。

特斯拉定期演讲，广受欢迎。他继续探索创造性想法，但许多人觉得他的后交流电概念很奇怪。1901 年，特斯拉开始在长岛肖勒姆建造沃登克莱夫塔。这座巨大的建筑高一百八十七英尺，顶部有一个导电铜网制成的大圆顶。塔的竖井推入地下一百多英尺，接着一根铁管又往下扎了三百英尺。特斯拉的目标是将沃登克莱夫塔用作无线传输站，打算将信息发送到大西洋对岸的英国，以便"打电话，将人类的声音和肖像发送到全球"。但他很快掉进了过去的老想法，决定向海外传输无线电源电流。

特斯拉的宏伟计划超出了他的资金能力。施工拖延，成本堆积如山。更糟糕的是，旧账也找上了门。由于拖欠了两万美元，特斯拉将沃登克莱夫塔抵押还债了。不幸的是，特斯拉还不上贷款，很快失去了沃登克莱夫塔的所有权。这座

沃登克莱夫塔

奇怪的塔楼还没来得及使用，就被新主人在 1917 年 7 月拆掉卖废品了。

特斯拉痴迷于能量无线传输的概念，特别是另一项突破性的技术：无线电。和以前一样，他在实验室里钻研，但是却保不住自己的专利，或者无法得到大众和资金支持，所以他失去了以无线电发明者的身份分专利费的机会，至少在他活着的时候是这样。

取而代之的是，古列尔莫·马可尼吃下了无线电的第一口红利。等到最高法院 1943 年裁定特斯拉是无线电真正的

尼古拉·特斯拉沉浸在研究中,身后是他的线圈变压器

发明者时,一切太晚了,他去世于同一年。

具有讽刺意味的是,特斯拉在 1916 年获得了一项荣誉:爱迪生奖章,奖章代表着"电气科学和艺术的杰出成就"。

交流电大获全胜之后,尼古拉·特斯拉大部分时间都独自工作,助手是他的主要伙伴。乔治·威斯汀豪斯仍然是商业朋友,但没有人能与特斯拉走得足够近,能被称为他真正的朋友。

在晚年，尼古拉·特斯拉终于找到了他最亲密、最热情的生活伴侣：鸽子。他经常喂鸽子，和鸽子交谈，尤其是在纽约公共图书馆外面。有时，他会偷偷把鸽子带回自己住的酒店房间，照顾它们恢复健康。

1943 年 1 月 7 日，身无分文、对普通美国人来说相对神秘的尼古拉·特斯拉在纽约客酒店三十三楼的酒店房间里孤独地死去。享年八十六岁。

乔治·威斯汀豪斯就像一辆稳定的轨道车，继续在商业和发明方面取得成功，气体减震器也被运用到汽车安全平稳行驶中。威斯汀豪斯始终着眼于未来，不纠结于过去的成就或失败，他依然每隔六个礼拜就产生一项新专利，到他去世时，总计获得了大约四百项专利。

随着 1907 年股市崩盘，威斯汀豪斯最终失去了对西屋电气制造公司和西屋机械公司的控制权。在那之前，威斯汀豪斯大部分精力都投入到众多商业活动中。然而，他从未忘记对他来说比生意更重要的东西：他雇用的人和他的家人。

在经历了这一切——商业上的成功和失败——威斯汀豪斯和妻子、儿子仍然保持着幸福的亲密关系。

威斯汀豪斯受到员工、商界人士和电气界人士的尊敬，

1912 年被授予爱迪生奖章，以表彰他"在交流电系统发展方面的杰出成就"。威斯汀豪斯认为获奖不如他的工作目的重要。

他总结了成功和职业成就对他的意义："如果有一天他们说我通过我的工作为我的同胞的福祉和幸福做出了一些贡献，我会对我自己感到满意。"

威斯汀豪斯完全有权对自己满意。1914 年 3 月 12 日，乔治·威斯汀豪斯去世，无数人为他哀悼。

虽然乔治·威斯汀豪斯和特斯拉在电流战中取得了明显的胜利，但托马斯·爱迪生作为发明之父和镀金时代的明星发明家载入史册，成为后世民众家喻户晓的人物。

爱迪生生活十分优渥，在直流电失败之后，他发明了一系列至今仍在使用的物品并申请了专利（在他去世时，总共拥有一千零九十三项美国专利），其中包括电影放映机和碱性蓄电池。他还涉足了混凝土和铁矿石产业，都取得了相对成功。

在历史上，爱迪生一直被尊为十九世纪末和二十世纪初工业浪潮的先驱，整体来看，这话没错。1931 年 10 月 18 日，爱迪生去世。之后很久，课堂中都会讲述他的事迹，他发明了灯泡、留声机、电影摄影机，托马斯·爱迪生成为美国的代表性人物。

因此，他针对西屋电气和特斯拉的不入流手段，往往被历史书略去不提，人们只知道门洛帕克巫师是一个发明天才，外在光芒掩盖了爱迪生在电气战争期间不惜一切代价取得胜利所显露出的丑陋内在。